COMPREN] MOTEURS D'AVIONS

Tout comprendre du fonctionnement des moteurs d'avions d'hier, d'aujourd'hui et de demain !

Edition :

Comprendre les moteurs d'avions par Romain Arcis

Première édition : Juillet 2015

ISBN :

979-10-95247-01-2

AVANT PROPOS

Ce livre va vous emmener à la découverte d'une des technologies les plus perfectionnées : le moteur d'avion. Nous devons d'ailleurs parler "des" moteurs d'avions. En effet, entre les moteurs "à pistons", les "turboréacteurs", les "turbopropulseurs", les "statoréacteurs", les technologies sont nombreuses et il ne semble pas facile de s'y retrouver. Le sujet n'échappe pas non plus à l'utilisation d'un jargon spécifique. Décourageant pour une première approche. Ces technologies complexes paraissent d'ailleurs faire appel à des connaissances scientifiques poussées. Se plonger dans des livres volumineux et spécialisés parait inévitable.

L'objectif de cet ouvrage est donc de vous présenter de façon simple, synthétique et structurée le fonctionnement des moteurs d'avions. Pas besoin d'une grande expertise scientifique, d'être spécialiste en aérodynamique ou mécanique. Nous avons accordé une grande importance à la clarté des explications, en s'appuyant sur de nombreux exemples concrets, illustrations et schémas explicatifs. Nous évitons au maximum l'emploi du jargon métier, et prenons soin de bien l'expliquer systématiquement.

Ce livre s'adresse donc à tous, que l'on soit débutant ou déjà initié et passionné. Nous avons pris soin de l'enrichir avec de nombreuses informations techniques, historiques, économiques et même juridique. Avec à chaque fois des données chiffrées qui vous étonneront.

Bonne lecture à tous.

SOMMAIRE

1.

Les différents types

de propulseurs

Qu'est ce qu'un propulseur ?

Un propulseur est un **moteur**, dont le rôle principal est de donner à un aéronef (un avion dans notre cas) une vitesse suffisante **pour le faire avancer**.

Classiquement, nous pouvons représenter un avion en vol de la façon suivante :

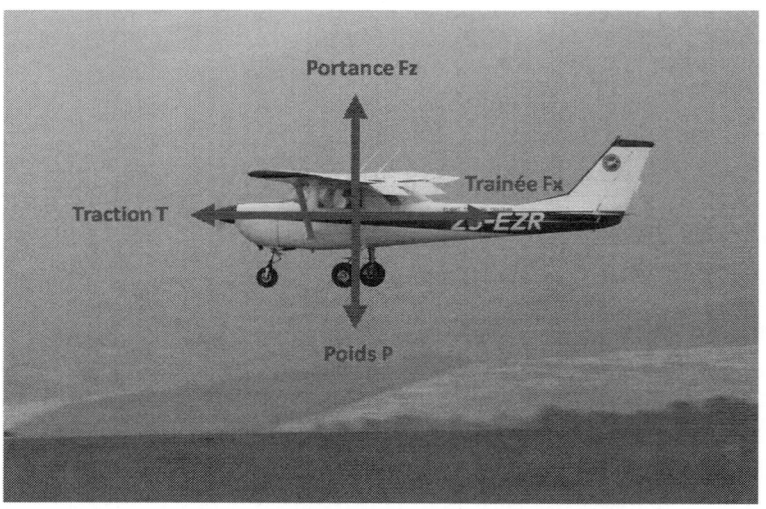

Nous remarquons que **4 forces s'exercent** sur celui-ci :
- La **force de portance** Fz, qui est la force qui permet à l'avion de planer, et ainsi compenser le poids de l'appareil pour se maintenir à altitude constante. Le **poids** est représenté par la force P.
- La **force de traction du moteur** T qui permet de compenser la **force de trainée** Fx, force de résistance aérodynamique qui s'oppose au mouvement de l'appareil.

La propulsion s'intéresse donc à la **force T** qui va être

produite par le moteur pour compenser la trainée et ainsi **faire avancer l'appareil**.

Les deux grandes familles de propulseurs

Il nous faut faire une **première distinction** importante.

Nous pouvons classer les propulseurs en **deux grandes familles** :

1. Les **moteurs qui ont besoin de l'air ambiant** pour fonctionner. Ces propulseurs embarquent leur carburant (du kérosène essentiellement) mais ont besoin de l'air ambiant comme comburant pour fonctionner. C'est le cas de tous les moteurs d'avions comme nous allons voir.

2. Les **moteurs qui n'ont pas besoin de l'air ambiant** pour fonctionner. Ces propulseurs embarquent leur carburant (du kérosène ou de l'hydrogène liquide principalement) mais aussi leur propre comburant (de oxygène liquide...). C'est le cas des moteurs de fusée.

Nous ne développerons pas le cas particulier de la motorisation des fusées dans notre ouvrage pour se concentrer sur les différentes formes de propulsions des avions.

Les principales technologies rencontrées sur les moteurs d'avions

Les moteurs à pistons

Les moteurs à pistons sont des moteurs thermiques "classiques" à **combustion interne**, fonctionnant sur le même principe que les moteurs de voitures. A la différence près qu'au bout du vilebrequin nous aurons une **hélice** pour assurer la **force de traction de l'avion**.

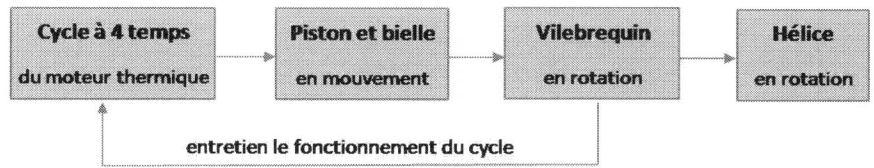

Nous détaillerons cette technologie dans le chapitre consacré aux moteurs à pistons. On parle aussi de **Groupe Moto Propulseurs (GMP)**.

Les turbomachines

Une turbomachine (on peut rencontrer également le terme de "turbine à gaz") désigne une machine qui fonctionne sur le **principe de récupération de la chaleur des gaz après combustion**. Cette chaleur entraine la **rotation d'une turbine**, qui va elle-même entrainer la rotation d'un compresseur. Ce dernier assure alors l'admission et la compression du gaz avant combustion. La rotation de la turbine entretien donc le fonctionnement du dispositif.

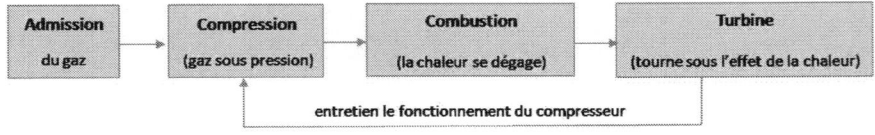

Les **turboréacteurs** (ou **GTR**) et **turbopropulseurs** (ou **GTP**) s'appuient sur la technologie des turbomachines.

Dans ces deux cas, le principe de fonctionnement est le même : un **turbomoteur** de base équipée d'une **turbine**. Avec cependant la distinction suivante :
- Le turboréacteur utilise le **principe de réaction**.
- Le turbopropulseur utilise la **traction de l'hélice**.

Ces deux types de propulsions font chacun l'objet d'un chapitre qui en détaillera le fonctionnement.

A noter que les moteurs d'hélicoptères (dont nous ne parlerons pas dans cet ouvrage) utilise la même technologie des **turbomoteurs**.

Le **statoréacteur** est quant à lui un moteur très particulier qui présente également des phases d'admission, de compression, de combustion et de détente. En revanche il ne possède aucune pièce mobile, donc pas de compresseur ni de turbine reliés. **Ce n'est donc pas une turbomachine**. Nous en préciserons également le fonctionnement dans un chapitre dédié.

Classification des moteurs d'avion

En résumé, les **différents types de propulsions aéronautiques** se classe de la façon suivante :

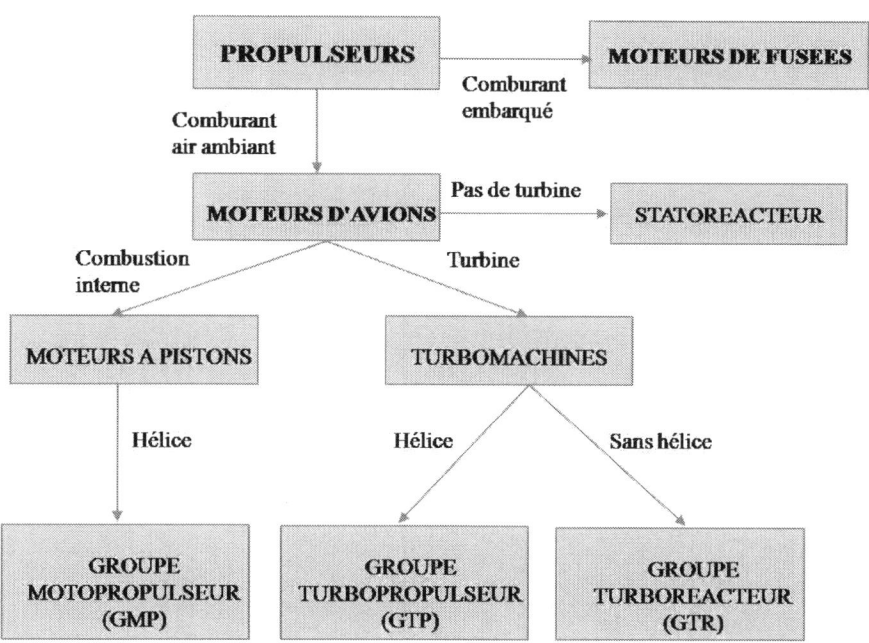

2.

Un peu d'Histoire

Les premiers moteurs

Le moteur de Clément Ader

Dès le milieu du 19ème siècle, des ingénieurs ont expérimenté la propulsion aéronautique. C'est notamment le cas du pionnier français **Clément Ader** qui eut recours au **moteur à vapeur**. Il travailla à réduire le poids et le volume des machines à vapeur pour les installer à bord d'aéronefs. Il chercha également à combler leur manque de puissance.

L'ingénieur français, s'inspirant du vol et de la morphologie des chauves-souris, va concevoir un prototype de machine volante : **Eole**. Pour assurer la propulsion de l'engin, Clément Ader équipe l'aéronef d'un **moteur à vapeur à 4 cylindres**. La puissance transmise à l'hélice (faite en bambou) est de **20 CV** pour un poids de **66 kg**. Eole est testé le **9 octobre 1890** dans le **parc du château de Gretz-Armainvilliers**, propriété du Baron Péreire (ami et mécène de Clément Ader). La machine volante fait un **"bond"** de 20 centimètres sur environ 50 mètres de piste (la trace des roues au sol a bien disparu sur une cinquantaine de mètres). Mais on ne peut pas encore véritablement parler de vol contrôlé.

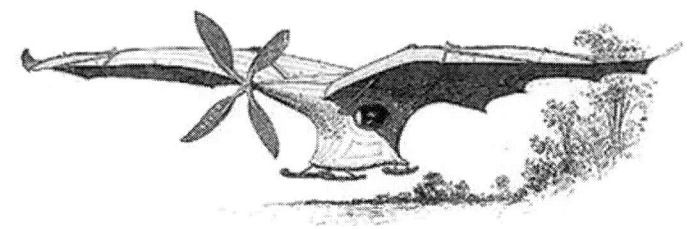

Eole de Clément Ader

La réponse aux limitations du moteur à vapeur viendra finalement du **moteur à explosion**. Destiné à équiper les automobiles, le moteur thermique à **combustion interne**, sera par la suite essentiel dans les premiers succès de l'aéronautique. Dès 1860, l'ingénieur français **Alphonse Beau de Rochas** définit le **principe du cycle à 4 temps** des moteurs à allumage commandé. Et en 1876, l'ingénieur Allemand **Nikolaus Otto** réalise le **premier moteur à combustion interne** fonctionnant selon le cycle à 4 temps (admission, compression, détente, échappement). On parle donc de **"cycle de Beau de Rochas"** ou de **"cycle Otto"**.

Le moteur des frères Wright

Les **frères Orville et Wilbur Wright** sont restés dans l'Histoire pour avoir réalisé, à bord de leur avion **Flyer**, le **premier vol contrôlé**, le **17 décembre 1903**, à Kitty Hawk (Caroline du Nord). L'aviation moderne est née avec ce vol de 59 secondes, parcourant ainsi 259 mètres.

L'avion Flyer des frères Wright

Pour cela, les américains ont construit leur propre moteur, faute d'en trouver un suffisamment léger. C'est un **moteur à quatre cylindres en ligne verticale**, refroidi à l'eau, pesant 109 kg, pour une puissance transmise aux **deux hélices** de **12 CV**. La puissance était transmise à ces hélices par des chaînes et pignons de bicyclette. Ce moteur ne possédait pas de carburateur, mais une simple pompe pour injecter l'essence.

Le moteur de Louis Blériot

Le **25 juillet 1909**, le français Louis Blériot **traverse la Manche** à bord du Blériot XI, réalisant l'un des premiers grands exploits de l'aéronautique. D'autant plus que son moteur, un **Anzani**, n'était pas réputé très fiable (il avait notamment une très forte consommation en huile).

Le Blériot XI qui traversa la Manche en 1909

Imaginé et conçu par un motoriste Milanais, **Alexandre**

Anzani, le moteur se compose de **trois cylindres disposés en éventail**. Très léger, sa puissance est de **25 CV** et se refroidit à l'air (sa température en fonctionnement est de 150°C). L'aviateur **Alfred de Pischoff**, qui l'avait commandé, l'expérimenta avec succès à bord de son avion biplan. C'est ensuite Louis Blériot qui le récupéra.

Le moteur 3 cylindres Anzani du Blériot XI

Le moteur Antoinette

Dès 1906, le pionnier français de l'aviation **Léon Levavasseur** va concevoir et construire les moteurs **Antoinette** à **8 cylindres disposés en V à 90°**, refroidis par évaporation, et à injection directe. Ces techniques en font un moteur très en avance pour son époque. La puissance fournie est alors de **50 CV**. Une version suivante développera même **90 CV**. Ce moteur à cylindres multiples assure une rotation plus rapide du vilebrequin, ce qui permet de gagner en puissance. Le moteur Antoinette V8 équipa l'avion biplan **14-bis** du pionnier de l'aviation brésilen **Alberto Santos-**

Dumont. Celui-ci réalisa le **premier vol dit "plus lourd que l'air" en Europe** le **12 novembre 1906** dans le parc de Bagatelle, à Paris. A bord du 14-bis, Santos-Dumont effectua un vol sur une distance record de **220 mètres en 21 secondes**.

Le moteur Antoinette, 8 cylindres en V

Produit à une échelle industrielle, le moteur Antoinette sera adapté à différents aéroplanes, et permettra d'établir de nombreux records dans les années 1906-1909. Sa fiabilité, sa robustesse et sa puissance, expliquent que **ce moteur sera le plus vendu en Europe jusqu'en 1910**.

Le moteur Gnome

C'est aux **frères Louis et Laurent Seguin** que l'on doit le **moteur rotatif Gnome, premier moteur spécialement conçu et développé pour l'aéronautique**. Appliquant le principe du **moteur rotatif** (le moteur tourne autour d'un vilebrequin fixe), sa conception avant-gardiste et ses performances remarquables vont révolutionner l'aviation. Après l'Antoinette, c'est le nouveau moteur de référence des années 1909-1913 si l'on veut battre des records.

Le moteur Gnome en étoile des frères Seguin

Le Gnome est constitué de **7 puis 9 cylindres en étoile**, tournant autour d'un axe fixe, et délivrant une puissance de **50 CV**, pour un **poids de seulement 76 kg**. Le refroidissement est assuré par le déplacement d'air avec la vitesse de rotation. En fonctionnement, le **vilebrequin est fixe**, et ce sont **les cylindres qui tournent** autour de l'axe. **L'hélice est fixée sur les cylindres** qui tournent et la mettent ainsi en mouvement. L'arbre moteur, creux, permet le passage du mélange air/carburant qui pénètre dans la culasse par une soupape.

Le moteur Rhône

Le moteur **Rhône** est un **moteur rotatif** (les cylindres tournent autour de l'axe central) de **9 cylindres** pour une puissance de **80 CV**. Il est reconnu comme un des moteurs les plus fiables au début de la première guerre mondiale et équipa de nombreux avions de combat du côté allié. La version à **100 CV** équipa notamment le très réputé **Nieuport**.

Le moteur rotatif Rhône

Le moteur Liberty

Le moteur **Liberty** fut développé et construit par les américains à partir de 1917. Il développa la puissance la plus importante pour l'époque avec **400 CV** pour **12 cylindres montés en V**. Entré en service juste après la première guerre mondiale, il équipa de nombreux avions aux Etats-Unis dans les **années 1930**.

Le moteur Liberty L12 muni de 12 cylindres en V

Le moteur de Charles Lindbergh

Les **20 et 21 mai 1927**, l'aviateur américain **Charles Lindbergh** réalise le **premier vol transatlantique sans escale** à bord de son monoplan, **le Spirit of Saint Louis**. Il relie l'aérodrome de Roosevelt (Long Island) à l'aéroport du Bourget (France) en **33h et 30 min**, accomplissant le plus retentissant exploit aéronautique de l'époque.

Le moteur du Spirit of Saint Louis est un **Wright Whirlind J5-C**, un **moteur en étoile à 9 cylindres**, refroidi par l'air, avec une puissance développée de **223 CV**. Ce moteur J5-C Wright Whirlind est développé par la société **Wright Aeronautical.** Il est lancé à partir de 1925, notamment pour équiper l'US Navy.

Le Spirit of Saint Louis de Charles Lindbergh

Le Wright Whirlind connaitra par la suite une série d'évolutions telles que **l'apparition de compresseurs**, l'élargissement des cylindres, le développement d'une **version à 14 cylindres**. Ce moteur sera fabriqué sous licence dans les années 1930-1940 par des motoristes comme Continental Motors (aux Etats-Unis) ou Hispano-Suiza (en France).

Le moteur en étoile Wrightwhirlind du Spirit of Saint Louis

Le moteur Rolls-Royce Merlin

Le moteur **Merlin** de **Rolls-Royce**, dérivé du moteur Rolls-Royce R, se compose de **12 cylindres disposés en V**, et refroidis par liquide. Les premières versions développent une puissance de **990 CV**, jusqu'à atteindre les **2000 CV** pour les dernières versions.

Le moteur Rolls-Royce Merlin qui équipa le Spitfire

Ces moteurs furent produits à plus de **150 000 exemplaires** dans les années 1930-1940 et équipèrent les appareils de la **Royal Air Force**, notamment le **Spitfire**. Réputés pour leur grande qualité, ils donnent à l'armée britannique un avantage décisif dans les airs pendant la seconde guerre mondiale.

Le Spitfire de la Royal Air Force

Le moteur Daimler-Benz DB 600-605

Ce moteur est développé et construit à partir de 1937 par les ingénieurs allemands. Il comporte **12 cylindres en V**, et équipa les **Messerschmitt 109**, chasseurs allemands largement utilisés pendant la seconde guerre mondiale.

Le Messerschmitt 109 de la Luftwaffe

Développant une puissance de **1050 CV** dans un premier temps, la version de 1944 atteignit les **2000 CV**. L'ultime version, montée sur le **Heinkel 177**, présenta même une puissance de **2870 CV**.

Le moteur Daimler-Benz 12 cylindres en V

L'ère des moteurs à réaction

Le turboréacteur

Le français **René Lorin** est le premier à avoir breveté, en **1908**, le **principe de réaction pour faire avancer un aéronef** à l'aide d'un jet propulsif issu de la compression puis de la rechauffe de l'air ambiant. Parallèlement, le Suédois **Gustaf de Laval** contribue à l'émergence du **principe de la turbine à gaz**. La turbine transforme de l'énergie calorifique, provenant de la combustion du gaz, en énergie mécanique de rotation. Le **premier avion équipé d'un moteur sans hélice** est l'œuvre **d'Henri Coanda**, qui le présente au salon du Bourget de **1910**. Mais, l'invention est encore mal maitrisée, et l'avion s'écrase sous l'effet d'une inertie trop forte.

Dans les années 1920, l'idée de mettre au point un moteur à propulsion par "réaction" est à nouveau évoquée. Le français **Maxime Guillaume** dépose en **1921** le **premier brevet relatif à la "propulsion par réaction sur l'air"**. Sans donner suite, faute d'avancées techniques significatives sur les compresseurs. Ce n'est qu'à la fin des années 1930 que le moteur à réaction va enfin voir le jour. Il apparait simultanément en France, en Angleterre et en Allemagne. C'est l'anglais **Franck Whittle** qui effectua les premiers essais au sol. Et c'est finalement l'allemand **Hans Joachim Pabst von Ohain** qui, en **1939**, fait décoller le **premier avion expérimental équipé d'un turboréacteur**, le **Heinkel He-178**.

Les **premiers turboréacteurs**, issus de ce prototype, sont munis d'un **compresseur centrifuge à un seul étage**, relié à une turbine par un arbre. La longueur de ce moteur à un seul étage est faible, mais est compensée par un **diamètre important**. Ces premiers moteurs à réaction ont d'abord une application militaire. Les allemands lancent à la fin de la seconde guerre mondiale (en 1944) le **Messerschmitt Me262 Scwalbe, premier avion équipé d'un turboréacteur**. Rapide mais peu maniable, il ne change rien sur l'issue des combats. A partir des **années 1950**, les turboréacteurs commencent à équiper des avions de transports civils. Le **premier avion commercial** à utiliser le turboréacteur est le **Comet** de **De Havilland en 1952**, équipé du **moteur DH Ghost**.

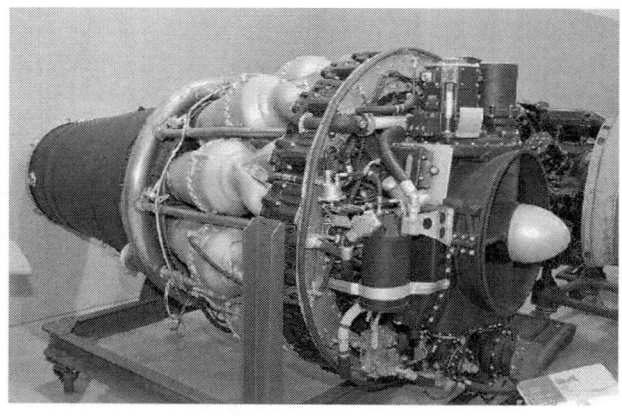

Le DH Ghost, premier turboréacteur d'un vol commercial

Cet avion reste surtout célèbre pour ses nombreux accidents en vol qui conduisent à son retrait un an seulement après son entrée en service. En cause, la fatigue de la cellule de l'avion et la fragilité de ses hublots, de forme carrée. De Havilland modifiera par la suite sa conception en introduisant des hublots ovales sur les générations suivantes d'appareils Comet (Comet 2, Comet 3 et Comet 4).

Le Comet de De Havilland en 1952

A partir des **années 1960**, ils vont **équiper la plupart des avions de transports** (Boeing 707, DC8, Boeing 747, Caravelle...) et **remplacer le moteur à explosion et à hélice**. JT3C, JT3D, JT8D de **Pratt&Whitney**, Avon de **Rolls-Royce**, CF6 de **General Electric**... Les générations de moteurs à réaction se succèdent et gagnent en performance. Cette nouvelle technologie de propulsion permet de **multiplier la vitesse des avions par deux** et de supprimer des escales sur les vols long-courriers. Reposant d'abord sur la technologie dite à **"simple flux"**, les turboréacteurs vont adopter progressivement dans les années 1960-1970 la **technologie à "double flux"** et à **"taux de dilution" important**, plus efficace. A l'heure actuelle, tous les turboréacteurs qui équipent les avions commerciaux utilisent des technologies **"double corps"** et **"double flux"**.

Le turbopropulseur

Parallèlement au turboréacteur va se développer le **turbopropulseur**, exploitant également les découvertes des années 1930 sur les **turbines à gaz**. C'est **J. Northrop**, à partir de 1939 qui imagina un moyen de **faire tourner l'hélice du moteur en utilisant la technologie de la turbine à gaz**. Dans le cas du turbopropulseur, c'est donc la rotation de la turbine qui va faire tourner l'hélice, et va ainsi **remplacer le moteur à explosion et son vilebrequin**.

Le DC-3 de Douglas Aircraft, bi-moteur à hélices qui révolutionna l'aviation commerciale des années 1930-1940

Le **premier turbopropulseur** fut le **moteur Rolls-Royce Trent**, apparu en **1945**. Il est alors exploité sur des vols commerciaux, bien que souffrant de la concurrence des turboréacteurs. Les turbopropulseurs servent toujours régulièrement à motoriser des **avions de transport militaire** (Transall avec le moteur Tyne) et des **vols régionaux** (Cessna

208 Caravan avec le moteur PT6A).

Tupolev Tu-95 avec 4 turbopropulseurs Kouznetsov

Il connait même **un certain renouveau** avec dernièrement l'avion de transport militaire A400M, équipé du turbopropulseur TP400.

L'A400M, équipé de 4 turbopropulseurs TP400-6

Le statoréacteur

Le français **René Lorin**, qui avait déjà breveté le principe de la réaction pour faire avancer un aéronef, décrit en **1907** le **principe du statoréacteur, propulseur simple sans aucune pièce mobile**, mais nécessitant une vitesse élevée de démarrage. Faute de moyens, Lorin ne mettra pas en œuvre son invention.

En **1930**, **René Leduc** s'intéresse au sujet et dépose un **brevet sur le principe d'une tuyère turbopropulsive**. Dans les années 1935-1936, un **avion expérimental** est même présenté, le **Leduc 010**. Il effectue son **premier vol en 1946**, expérimentant avec succès le principe de fonctionnement du statoréacteur.

Chasseur expérimental avec statoréacteur Leduc 016 (1947)

Efficace, le statoréacteur reste malgré tout **limité par la nécessité d'avoir une vitesse élevée de démarrage** pour assurer la propulsion. Le statoréacteur trouve néanmoins des applications avec les missiles.

3.

Les moteurs à pistons

Principe de fonctionnement

Le moteur thermique à pistons

Le moteur à pistons est un moteur **thermique** à **combustion interne**. Il se caractérise principalement par un mouvement mécanique produit par **dilatation des gaz**, sous l'effet de **l'élévation de la température**. L'énergie thermique est ainsi convertie en énergie mécanique. Le moteur produit alors un **mouvement alternatif et rectiligne du piston** qui se déplace dans un cylindre. Ce moteur présente de grandes similitudes de fonctionnement avec le moteur à explosion qui équipe les voitures. Il doit cependant **pouvoir fonctionner à des altitudes très variables**, depuis le sol jusqu'à plusieurs kilomètres d'altitude. Il doit également être **le plus léger possible** pour ne pas pénaliser l'aérodynamique de l'avion.

Le moteur à pistons fonctionne de la façon suivante :

Le **piston** se déplace à l'intérieur d'un **cylindre** suivant un **mouvement rectiligne**. Ce mouvement est assuré par une **bielle** qui relie le piston (partie supérieure de la bielle) au vilebrequin (partie inférieure de la bielle). Sous l'effet du déplacement de la bielle, le **vilebrequin** se met en **rotation** autour d'un axe.

La **partie supérieure du cylindre** est fermée par une **culasse**. Celle-ci est dotée d'un **dispositif de soupapes** pilotant l'admission ou l'échappement des gaz à l'intérieur du cylindre. La **soupape d'admission** assure **l'aspiration de gaz** frais dans le cylindre, alors que la **soupape d'échappement** permet **l'évacuation des gaz** après combustion. Des **arbres à cames**, en rotation, assurent l'ouverture et la fermeture des soupapes. Une **bougie** déclenche **l'inflammation** du gaz à l'intérieur du cylindre qui fait alors office de chambre de combustion. La **partie basse du cylindre** est fixée à un **carter**.

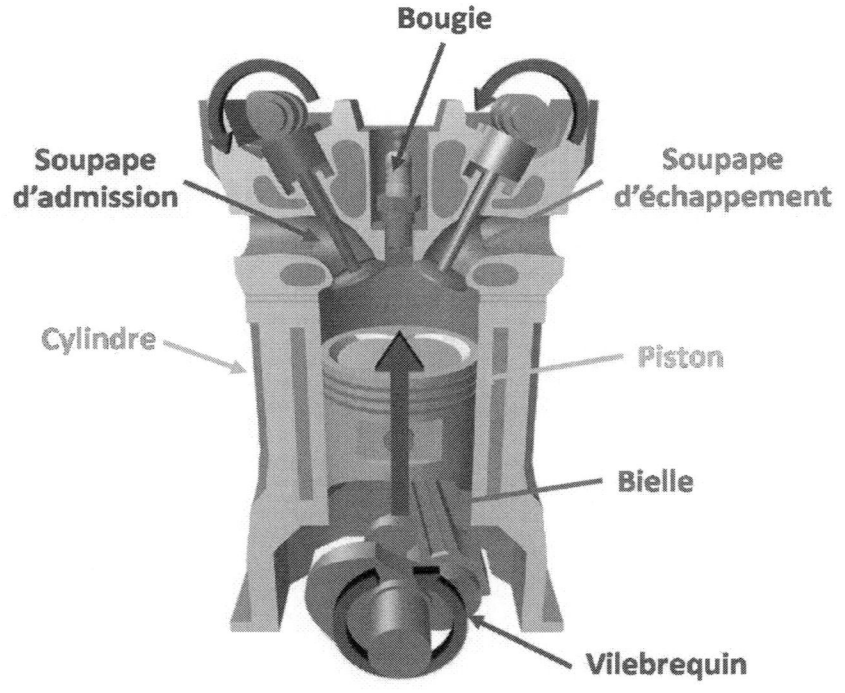

Description du cylindre d'un moteur à 4 temps

Le **vilebrequin** peut être lié à 4, 6 ou davantage de cylindres. Celui-ci va tourner très rapidement pendant l'exécution du cycle de combustion. Cette **rotation** entraine celle de **l'hélice**, et assure ainsi la **propulsion** de l'avion par **traction**.

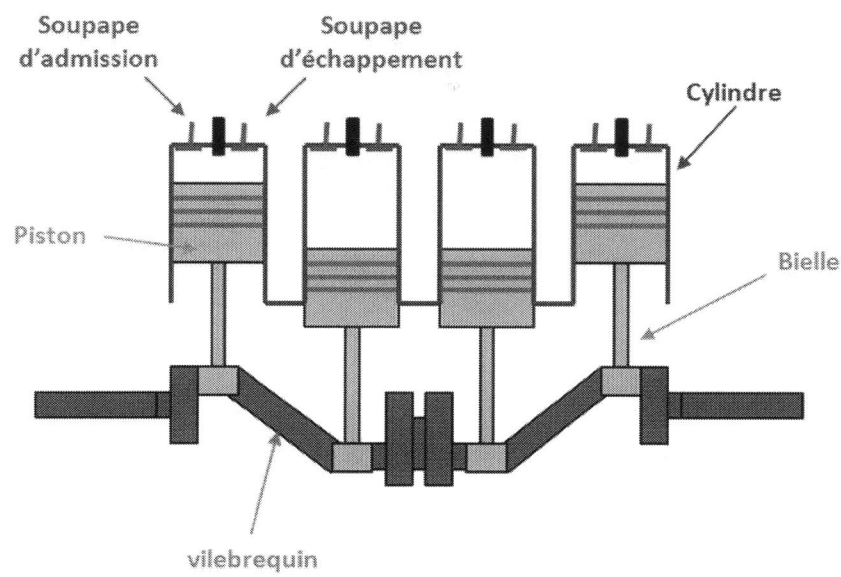

Rotation du vilebrequin par l'intermédiaire des bielles

Le cycle à 4 temps

Le moteur à pistons fonctionne sur le même principe du cycle à 4 temps que pour l'automobile :

- **Admission** : Le piston est en position haute dans le cylindre. La soupape d'admission est ouverte et la soupape d'échappement fermée. **Un mélange frais air/carburant est alors aspiré**, ce qui pousse le piston vers la position basse du cylindre. La soupape d'admission se referme. La pression du gaz entrant exercé sur la surface du piston initie un **mouvement d'entrainement qui fait tourner le vilebrequin**

par l'intermédiaire de la bielle.

Début d'admission

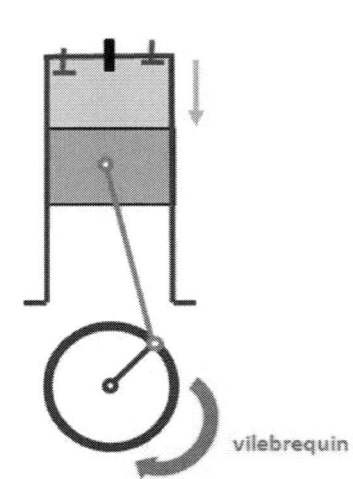

vilebrequin

Admission : Ouverture de la
soupape d'admission. L'air rentre.

- **Compression** : Sous l'effet d'entrainement du vilebrequin, le **piston remonte dans le cylindre vers sa position haute.**. Les deux soupapes sont toujours fermées. Le mélange gazeux est de plus en plus **fortement comprimé.**

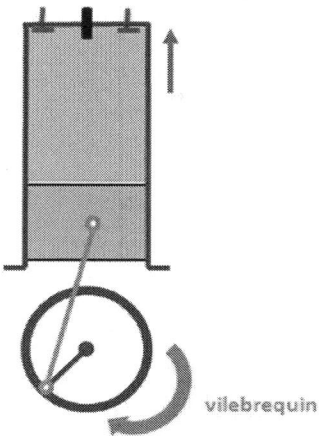

Compression : Le piston remonte et compresse l'air

- **<u>Combustion et détente</u>** : Juste avant que le piston n'atteigne la position haute du cylindre, **une étincelle jaillit d'une bougie et enflamme le mélange gazeux sous pression**. La combustion du gaz exerce une forte pression sur le piston. Sous l'effet de la détente du gaz, **le piston redescend vers sa position basse**.

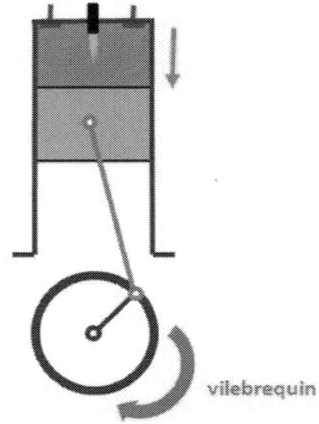

vilebrequin

*Combustion et détente : Le mélange
s'enflamme et repousse le piston*

- **<u>Echappement</u>** : Toujours par effet d'entrainement, le **piston remonte à nouveau dans le cylindre vers sa position haute**. La soupape d'échappement s'ouvre. En remontant, **le piston chasse les gaz de combustion du cylindre**. Un nouveau cycle peut commencer.

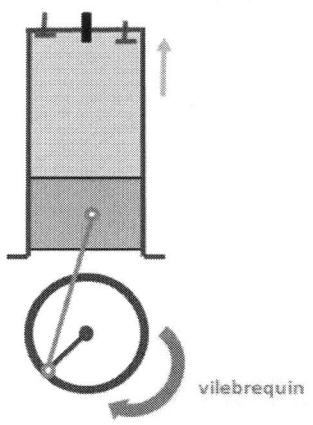

vilebrequin

Echappement : La soupape d'échappement s'ouvre.
Le mélange brûlé est évacué

Chaque piston est en **décalage au niveau des temps du cycle**, ce qui fait tourner le vilebrequin de façon régulière :

Compression   Admission   **Détente**   Echappement

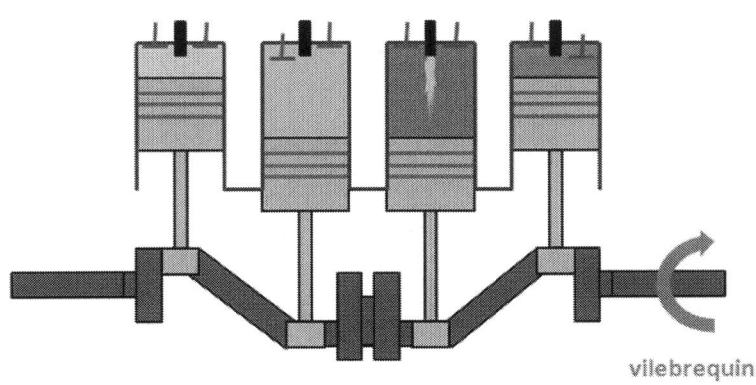

vilebrequin

Les 4 temps du cycle font tourner le vilebrequin

Le **cycle à 4 temps** se traduit de façon **thermodynamique** :

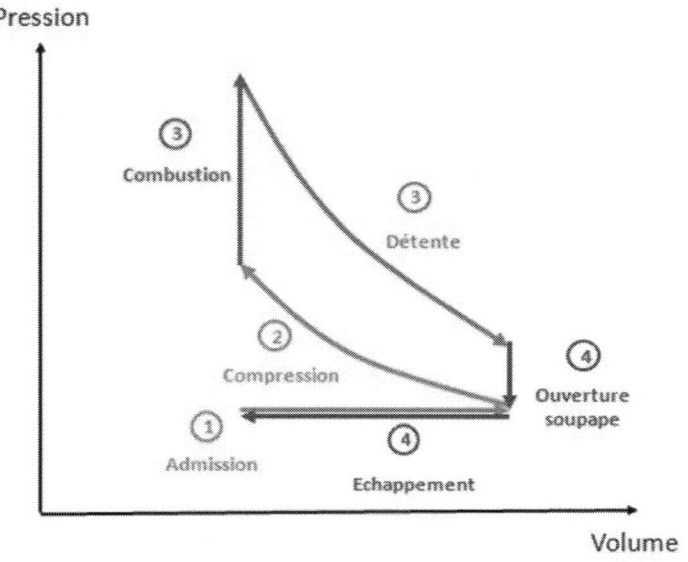

Cycle à 4 temps :

① Admission à pression constante (isobare)

② Compression sans échange avec l'extérieur (adiabatique)

③ Combustion à volume constant (isochore) ③ Détente adiabatique

④ Ouverture soupape isochore ④ Echappement isobare

Le cycle à 4 temps du point de vue thermodynamique

Les différents types de moteurs à pistons

On distingue **plusieurs types de moteurs à pistons** selon la disposition des cylindres :

- **En ligne** : Moteurs **à plat** ou **horizontaux** à quatre, six ou douze cylindres droits ou inversés. Ils sont à l'origine de l'aviation et sont désormais **utilisés pour l'aviation légère**.

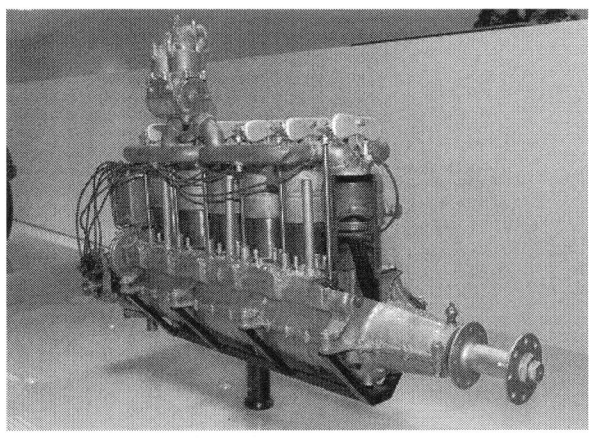

Exemple d'un moteur en ligne : le moteur Porsche de 1912

- **En ligne double et forme en V** :

Exemple d'un moteur ligne double en V : Moteur Rolls-Royce

- **<u>En ligne triple et forme en W</u>** :

Exemple d'un moteur ligne triple en W : Moteur Lorraine aviation

- **<u>En forme de H</u>** : Le moteur **Napier "Sabre"**, réalisé en collaboration avec **Hawker**, équipa le Hawker Typhoon. Par souci d'encombrement, ce moteur prend une forme en H avec **deux étages de douze cylindres à plat disposés en ligne**.

Exemple d'un moteur à forme en H : Moteur Napier "Sabre"

- En étoile simple, rotative ou fixe : Etoile simple de **trois à neuf cylindres**.

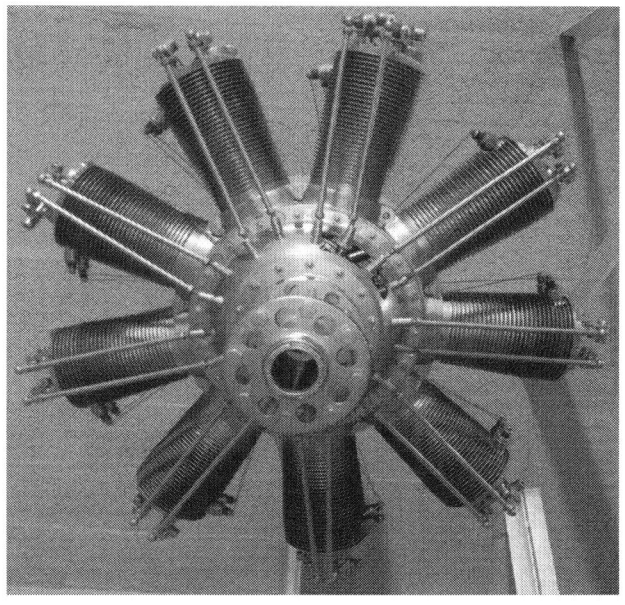

Exemple d'un moteur en étoile : Gnome à 9 cylindres

Exemple d'un moteur en étoile : Anzani à 3 cylindres

- **<u>En étoile double, rotative</u>** : Etoile à deux rangées, généralement constitué de **neuf cylindres**.

Exemple d'un moteur double étoile : Gnome à 9 cylindres

- **En éventail** :

Exemple d'un moteur en éventail à 3 cylindres (Anzani)

Les moteurs à pistons sont aujourd'hui exclusivement utilisés pour les **avions de tourisme** et les **petits avions** de transport privé. Ce type de moteur est **lourd** et le carburant qu'il consomme est **deux fois plus cher que le kérosène**. Par contre, il est beaucoup plus facile à fabriquer et à certifier.

Les composants du moteur à pistons

Le piston

Le piston se déplace dans le cylindre selon un mouvement rectiligne assuré par une bielle. Il est en contact avec le mélange gazeux aspiré puis rejeté après combustion. Le piston est doté de segments radiaux pour assurer son étanchéité (en y installant des joints).

Le vilebrequin

Le vilebrequin permet de **transformer le mouvement de va et vient rectiligne du piston en un mouvement de rotation**. Le vilebrequin est donc un arbre en rotation dont l'axe **transmet sa rotation à l'hélice** de l'avion.

L'hélice

L'hélice est constituée de **pales** en rotation qui sont fixées à un **moyeu**, et **centrées sur l'arbre de sortie du moteur**. Cet axe de sortie est en **rotation** par l'intermédiaire du vilebrequin.

Les pales de l'hélice, autrefois en bois, sont aujourd'hui en aluminium, en acier ou en composite, pour garantir à la fois **solidité** et **légèreté**. On compte **au moins deux pales par hélice**, mais il peut y en avoir davantage (3, 4, jusqu'à 8).

L'épaisseur d'une pale diminue à mesure que l'on se rapproche de l'extrémité. Par ailleurs, les pales sont **vrillées** selon un angle appelé **l'angle de calage**. C'est cet angle qui détermine la performance aérodynamique de l'hélice.

L'hélice fonctionne sur le **même principe qu'une vis. En tournant, elle avance et s'enfonce dans l'air** (comme une vis dans une paroi). Ce comportement de l'hélice dépend du profil aérodynamique des pales (et donc notamment de l'angle de calage). Leurs **formes bombées** créent une différence de pression entre la face avant et la face arrière qui est à l'origine de la **force de traction** et assure ainsi la **propulsion** par **aspiration vers l'avant**. L'hélice avance donc à chaque tour d'une distance appelée le **"pas"**, et qui dépend de l'angle de calage et de la taille des pales. En bout de pale, la vitesse ne peut pas dépasser un certain seuil. C'est ce qui **limite la vitesse des avions à l'hélice**.

*Exemple d'une hélice installée sur un
moteur 3 cylindres en éventail*

Le circuit d'allumage

L'allumage désigne **l'inflammation du mélange gazeux** air/carburant provenant du carburateur.

Le circuit d'allumage des moteurs à pistons fait appel à des **magnétos** qui sont des petits **générateurs électriques**. Par sécurité, chaque cylindre du moteur est doté de deux bougies, chacune alimentée par sa propre magnéto. Le système d'allumage est donc alimenté par deux magnétos par moteur. **La bougie d'allumage produit une étincelle**, ce qui déclenche la combustion.

Les bougies sur un moteur en étoile Gnome

Le démarreur

Un moteur thermique ne peut pas démarrer seul son cycle à 4 temps. Il a besoin d'un **démarreur pour amorcer le cycle** et entrainer quelques instants le moteur et les accessoires qui lui sont liés. Une batterie fournit le courant électrique qui alimente le démarreur.

Dès que le moteur tourne, le démarreur est déconnecté, et la batterie cesse d'alimenter le moteur. Le moteur fonctionne alors uniquement sur le cycle thermique à 4 temps.

L'alimentation

L'alimentation assure **l'approvisionnement du moteur en carburant**. Elle permet le transfert de carburant depuis les **réservoirs** jusqu'au **carburateur** en adaptant son débit et sa pression. Il faut en effet assurer un fonctionnement sûr et optimal, pour tenir compte des **différents régimes moteurs**, comme les reprises rapides en vol, ou les **différentes positions de l'appareil**.

Les **réservoirs** sont situés **au-dessus du moteur**. L'alimentation utilise donc la **gravité** pour guider l'essence vers le carburateur, en utilisant son poids. Néanmoins, ce système est fragile et sensible aux variations de vitesse. Il présente le **risque de perte d'alimentation**. C'est pourquoi, ce système est généralement **remplacé par des pompes**.

Ces pompes assurent l'arrivée du carburant vers le carburateur, en maintenant **une pression constante dans le circuit**, indépendante de la pression ambiante qui varie avec l'altitude. Le fonctionnement des pompes est **commandé par le mouvement du vilebrequin**.

Les réservoirs à carburant

On distingue **deux types de réservoirs à carburant**. D'une part les **réservoirs structuraux**, dont une partie est constituée par la cellule de l'avion, et qui forment un caisson. Et d'autre part les **réservoirs démontables**, installés au niveau des ailes ou du fuselage. Les parois des réservoirs sont généralement en aluminium, en cuivre, en alliage cuivre-aluminium ou encore en composite.

Le carburateur

Le carburateur élabore le **mélange air/carburant** avant son admission dans les cylindres du moteur. On parle de **"carburation"** ou "d'émulsion carburée". Son rôle est d'alimenter le moteur d'un mélange à composition constante et homogène, de façon à **assurer au maximum une combustion complète**.

Selon le régime moteur demandé, il est nécessaire de faire **varier la composition du mélange gazeux admis** pour la combustion. Le pilote utilise pour cela la **"manette des gaz"**. Le carburateur permet ainsi de **réguler le moteur** en s'adaptant aux différentes situations de vol (régimes moteurs, altitudes, positions de vol...).

Le carburateur fonctionne à l'aide d'une cuve dont le niveau doit rester constant. **Un flotteur contrôle l'arrivée du carburant et assure un niveau toujours constant**. La partie inférieure de la cuve possède une canalisation vers un **diffuseur** qui communique d'une part avec l'extérieur (pour l'admission de l'air), et d'autre part avec l'admission vers les cylindres. Entre le diffuseur et les cylindres, se trouve un **volet** (dit aussi **"papillon"**), qui est **commandé par la manette des gaz**. Ce volet règle l'ouverture vers les cylindres, de façon à **réguler la quantité de mélange** injectée pour la combustion. Ce qui régule la vitesse du moteur.

Le mélange a tendance à **s'enrichir en carburant avec l'altitude** car l'air ambiant y est moins disponible. Le carburateur est donc munis d'un système **"correcteur altimétrique"**, pour appauvrir le mélange. Le carburateur possède également une **pompe de reprise** pour injecter une quantité de carburant supplémentaire lors d'une brusque augmentation du régime moteur. Un **système de ralenti** règle aussi la qualité (**vis de richesse**) et la quantité (**vis de ralenti**) de carburant dans le mélange. Enfin, un **dispositif d'arrêt** (**"l'étouffoir"**) permet d'arrêter le moteur à chaud en coupant l'arrivée du carburant.

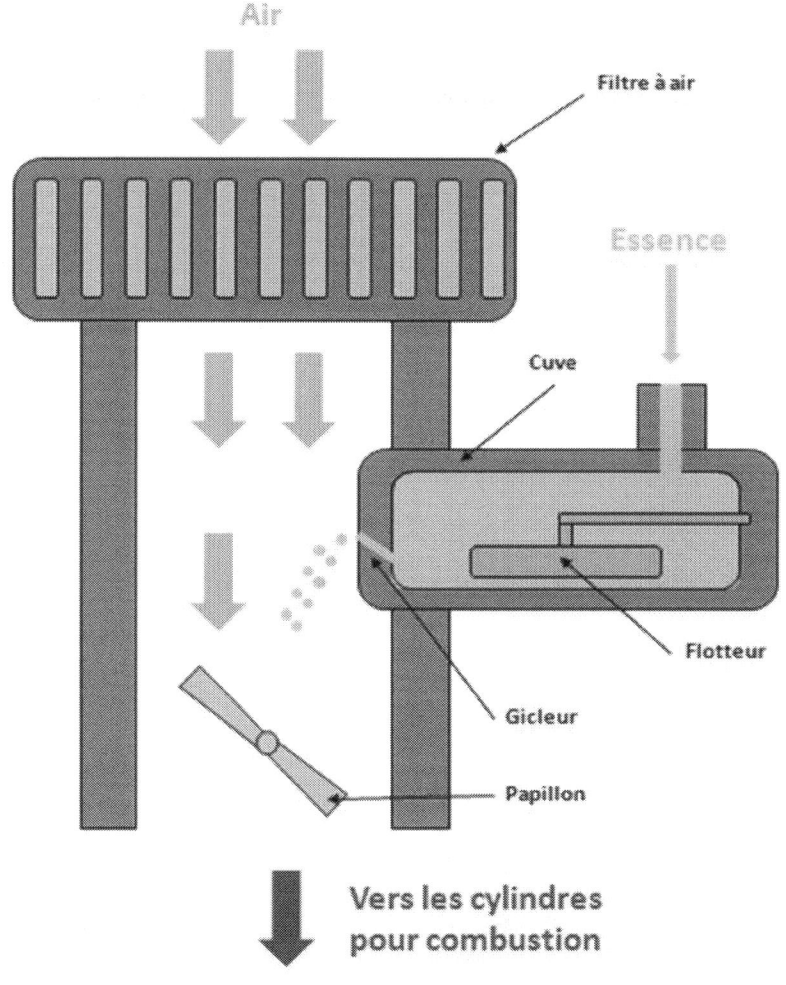

Schéma de fonctionnement d'un carburateur

Les huiles

Les huiles jouent **plusieurs rôles** dans le bon fonctionnement du moteur. Elles permettent de **réduire les frottements**, de **combattre l'usure et la corrosion**, de **participer au**

refroidissement, **d'assurer l'étanchéité entre les pièces** et **d'éliminer les impuretés à l'aide des filtres**.

Pour les moteurs à pistons, les huiles sont **minérales**. Sur les turbomachines, ce sont les huiles **synthétiques** qui sont utilisées, pour leur **meilleure résistance aux variations de température et aux contraintes mécaniques**. Les huiles sont caractérisées par un **"grade"**, qui est un indice de la viscosité de l'huile. Plus la température du moteur est élevée, plus il est nécessaire d'utiliser une huile de grade élevé.

Le carburant

Le moteur est alimenté avec le carburant préconisé par le constructeur. Un carburant se caractérise par un **indice d'octane** (<100) qui mesure la plus ou moins grande résistance à la détonation. Il mesure donc la résistance du carburant à la compression. **L'indice de performance** (>100) est aussi utilisé pour les carburants de résistance à la détonation supérieure à 100.

Deux carburants extrêmes servent de référence pour mesurer l'indice d'octane :
- **l'heptane**, d'indice d'octane 0 (**détone très violemment**).
- **l'isooctane**, d'indice d'octane 100 (au contraire **très antidétonant**).

La **proportion d'isooctane** contenu dans un carburant donne **l'indice d'octane** de celui-ci. Ainsi, un carburant d'indice d'octane 80 équivaut à un mélange de 80% d'isooctane et 20%

d'heptane.

Quelques exemples de **carburants d'aviation** avec leurs couleurs et indices :
- Octane 80/87 (rouge).
- Octane 91/96 (bleu).
- Octane 100/130 (verts).
- Octane 115/145 (violet).

Le refroidissement

Les moteurs thermiques sont soumis à des **températures très élevées** en raison de la combustion des gaz. Les parois des cylindres, la culasse ou encore les pistons sont particulièrement sollicités en température. Le risque est de propager la chaleur à l'ensemble des pièces du moteur, jusqu'à les **détériorer** ou les gripper. Un autre problème peut être **l'inflammation des huiles** de graissage. Enfin, le risque de **déclenchement d'allumages prématurés** peut nuire au bon fonctionnement du moteur et à son rendement.

Il faut donc **refroidir les pièces les plus sollicités thermiquement**. On cherche donc à **prélever la chaleur** en excédent des zones les plus chaudes (les parois du cylindre notamment) pour l'évacuer vers l'extérieur. Pour cela, on peut organiser la **circulation d'air** autour des cylindres ou **faire circuler un liquide** qui évacue la chaleur dans l'atmosphère.

Le réglage de la puissance moteur

Pression d'admission

La **pression** du mélange air/combustible à l'entrée du cylindre est d'autant plus **élevée** que la **quantité d'air aspirée est importante** (commande des gaz en régime élevée) et la **pression de l'air est élevée**.

Vitesse de rotation

A pression constante, **la puissance du moteur augmente avec la vitesse de rotation** jusqu'à une valeur limite, avant de diminuer.

Richesse du mélange

On appelle **richesse** d'un mélange le **rapport air/carburant**. A vitesse et pression constante, **la puissance augmente avec la richesse du mélange** jusqu'à une valeur limite.

On parle de **richesse théorique de 1/15** lorsque le mélange se compose de **1 gramme de carburant** pour **15 grammes d'air**. Dans ces conditions, **le mélange brûle complètement**. Un mélange est **riche** lorsque son **mélange est supérieur à 1/15** (plus de carburant dans le mélange). A l'inverse, un mélange est **pauvre** lorsque celui-ci est **inférieur à 1/15** (moins de carburant dans le mélange). Le mélange riche retarde les phénomènes de **détonations**, mais il entraine une forte **consommation de l'appareil**. Le mélange pauvre consomme peu mais laisse apparaitre des phénomènes de détonations. La **manette des gaz** augmente la **richesse du mélange** pendant les phases de décollage, de montée ou encore de descente pour que l'appareil à dispose de sa pleine puissance. A l'inverse le mélange est appauvri en régime de croisière.

Température d'admission

Lorsque la **température augmente**, la **puissance diminue**. D'environ **1% pour 6°C**.

Humidité

A température constante, **l'humidité entraine diminution de puissance**. **1 gramme d'eau dans 100 grammes d'air** entraine une diminution de puissance d'environ **4%**.

L'altitude

La **densité d'air diminue avec l'altitude**. Donc la pression d'admission diminue aussi. Autour de **5 000m d'altitude**, un moteur ne fournit plus que la **moitié de sa puissance au sol**. Pour **conserver une richesse constante**, le moteur doit donc être doté d'un dispositif de **correction altimétrique**. Comme le **poids de l'air diminue**, le **poids du carburant doit diminuer en proportion**.

Deux procédés sont utilisés pour contrer la diminution de puissance en l'altitude :

- **<u>Surcompression</u>** : Plus le **taux de compression de l'air** est élevé, plus le **rendement** du moteur est bon. Cependant, ce taux ne peut pas dépasser une certaine **limite** car des **phénomènes de détonations** apparaissent. Comme la pression de l'air diminue en l'altitude, le taux de compression limite est repoussé. Par cette méthode, on cherche donc à **optimiser le taux de compression en fonction de l'altitude**. On limite pour cela l'admission des gaz aux altitudes inférieures. Le moteur fournit donc une puissance plus grande à haute altitude.

- **<u>Suralimentation</u>** : On cherche à **conserver la puissance** en **maintenant la densité de l'air constante**. Pour cela, on utilise un compresseur qui comprime l'air ambiant à la **pression atmosphérique au sol**. La suralimentation est la solution qui donne la meilleure conservation de la puissance avec l'altitude.

La **température diminue** en altitude alors que l'air aspiré reste **humide**. On risque donc d'avoir formation de **givre** dans le carburateur. D'où la nécessité de le **réchauffer** lorsque sa température descend en-dessous d'une certaine valeur. Le dépôt de givre peut avoir des conséquences graves en **obstruant l'admission du carburant**. La commande **"dégivrage carburateur"** active un volet pour empêcher l'admission de l'air directement dans le carburateur. Celui-ci est **préalablement chauffé par de l'air chaud** sortant de l'échappement, ce qui augmente la température de l'air pour l'admission d'environ 50°C.

4.

Les turboréacteurs

Les fonctions du turboréacteur

Le turboréacteur remplit **5 fonctions** au sein de l'appareil qu'il équipe :

- Sa fonction principale est de **fournir la poussée** qui permet de faire avancer l'avion.

- Le turboréacteur fournit aussi de **l'énergie électrique**, de la même façon qu'un alternateur sur les voitures.

- Il alimente également en **énergie hydraulique** utilisée pour les gouvernes.

- Une autre fonction est le **prélèvement d'air**. Celui-ci assure notamment la pressurisation du poste de pilotage et de la cabine passager. Il sert également au dégivrage des moteurs ainsi qu'à la ventilation des cabines.

- Le turboréacteur, avec les inverseurs de poussée installés sur la nacelle, a enfin une fonction de **freinage** lors de la phase d'atterrissage, venant en soutien des freins montés sur roues.

Principe de fonctionnement

Les principes d'action-réaction et de réaction par jets propulsifs

La propulsion des avions par "réaction" s'appuie sur **deux grands principes** de la physique :

- Le principe **d'action-réaction**.
- La réaction par **jets propulsifs**.

Le principe d'action-réaction

Commençons par le **principe d'action-réaction**, aussi appelé le **troisième principe de Newton**. La **réaction** est une force qui est la conséquence d'une **action**, c'est à dire d'une autre force.

Le principe d'action-réaction appliqué à un avion

Ce principe peut s'illustrer simplement par l'exemple suivant. Lorsque vous êtes dans une barque sur l'eau et que vous ramez, vous exercez une "action", et la barque va avancer dans le sens opposé, par "réaction". De la même façon, si vous plongez de la barque, vous exercez une "action". La barque va alors se déplacer dans le sens opposé au plongeon, là encore par "réaction". Il faut donc retenir que **l'action et la réaction sont des forces de valeurs égales mais de sens opposées**.

La réaction par jets propulsifs

Examinons maintenant le **principe de réaction par "jet propulsif"**. Ce n'est rien d'autre que le principe d'action-réaction appliqué à **l'aérodynamique**.

Le principe peut s'illustrer de la façon suivante. Lorsque vous gonflez un ballon de baudruche, celui-ci va se dilater et se remplir d'air sous pression. Supposons maintenant que vous lâchiez le ballon. L'air va s'échapper du ballon par l'embouchure à une certaine vitesse, et créer ainsi une force, "l'action". En retour, le ballon va se déplacer dans l'espace, en sens opposé, jusqu'à ce que l'air sous pression soit totalement expulsé du ballon, sous l'effet de la "réaction".

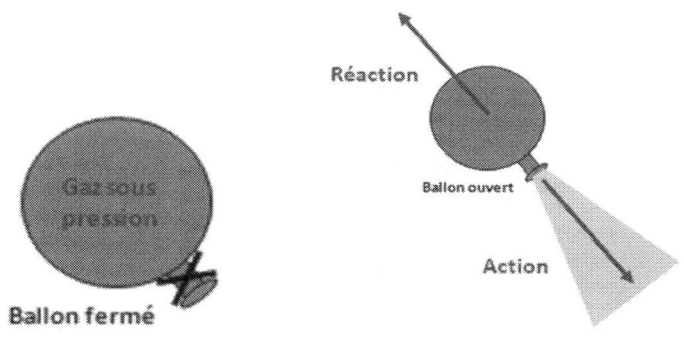

Illustration du principe de réaction
par "jet propulsif" sur un ballon

Par cet exemple, nous touchons au principe de fonctionnement du turboréacteur. **De l'air sous pression est expulsé à grande vitesse, créant une force d'action, qui voit en retour se créer une réaction, faisant avancer le turboréacteur.** Nous pouvons aussi prendre l'exemple d'une fusée qui fonctionne sur le même principe de propulsion, par éjection de gaz sous pression.

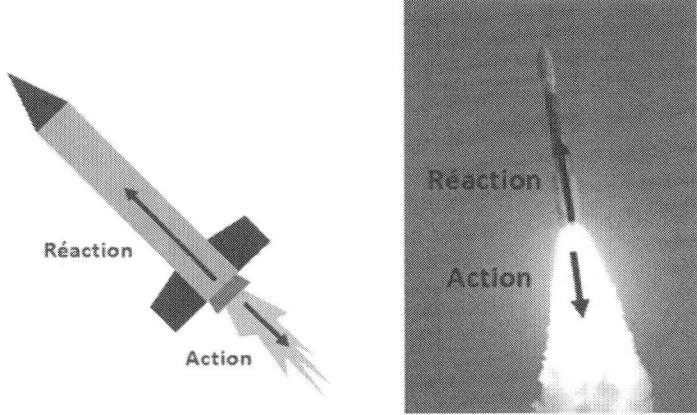

Sur une fusée, les jets propulsifs des gaz créent une réaction

Intuitivement, nous pouvons en déduire que plus le gaz est sous pression, plus la vitesse d'expulsion du gaz est grande, et plus la force "d'action" sera grande. Et donc plus la force de "réaction" sera grande. Pour améliorer l'efficacité du moteur, il faut donc utiliser des compresseurs pour **augmenter le plus possible la pression** du gaz.

Une autre étape est **la combustion**. Pour accélérer encore la vitesse d'éjection des gaz, et donc les forces d'action et de réaction, une combustion est nécessaire. Celle-ci, comme pour un moteur à combustion interne, nécessite un **carburant** (le kérosène) et un **comburant** (l'air sous pression). La **réaction chimique** qui en résulte va engendrer une très grande accélération des gaz chauds expulsés, ce qui assure une propulsion par réaction à très haute vitesse.

Fonctionnement général d'une turbomachine

La turbomachine va démarrer au moyen d'air comprimé fourni par un mini-turbomoteur que l'on appelle **l'APU** (Auxiliary Power Unit) ou le GAP (Groupe Auxiliaire de Puissance). L'APU va ainsi amorcer la rotation et donc le **démarrage du compresseur**. Celui-ci va **aspirer** (comme un aspirateur) de l'air ambiant, qu'il va ensuite **comprimer**. La compression est réalisée par la rotation d'une partie mobile, le **"rotor"**, associée à une partie fixe **"le stator"**. **L'air comprimé** est ensuite injecté dans une **chambre de combustion** (il peut éventuellement y avoir plusieurs chambres de combustion).

En parallèle, un boitier de transmission que l'on appelle **AGB** (Accessory Gear Box) va enclencher le démarrage d'une pompe à carburant. Celle-ci va injecter le **kérosène** (carburant) dans la chambre de combustion pour qu'il se mélange à **l'air chaud comprimé** (comburant). Ce mélange air/kérosène est enflammé par des **allumeurs** (des bougies), ce qui a pour effet de **dilater fortement les gaz**.

Ces gaz, chauds et dilatés, exercent alors une **rotation** sur la ou les **turbine(s)** installées en sortie de chambre de combustion. **Un arbre rotatif relie la turbine au compresseur** en amont de la chambre, ainsi qu'aux différents **accessoires de l'AGB**. Ce système mécanique permet **d'entretenir le mouvement** du compresseur, qui va continuer à aspirer et comprimer l'air ambiant. Et également assurer le fonctionnement des **accessoires** qui permettent d'alimenter la chambre en carburant.

Les gaz chauds, à vitesse très élevée, vont s'échapper par la **tuyère** située à l'arrière du réacteur. Celle-ci est munie d'une section convergente pour **accélérer encore les gaz** à la sortie. C'est ce que l'on appelle **l'effet Venturi**.

Au bout de quelques secondes, lorsque la turbomachine fonctionne à un régime de rotation suffisant et que le **mouvement est auto-entretenu** (par injection de carburant), le **démarreur cesse de fonctionner**. Le turboréacteur fonctionne alors de façon autonome.

Le cycle thermodynamique

Le **cycle de fonctionnement thermodynamique** du turboréacteur se décompose en 4 phases :

1. **Aspiration/Compression** : On aspire, puis on comprime l'air pour le porter à forte température. (Compresseur).

2. **Combustion** : On chauffe l'air et on injecte du carburant pour démarrer la combustion (Chambre de combustion).

3. **On récupère l'énergie thermique en énergie mécanique** pour entretenir la rotation du compresseur. (Turbine).

4. **Détente/éjection** : Détente du gaz à haute température pour fournir la poussée (Tuyère).

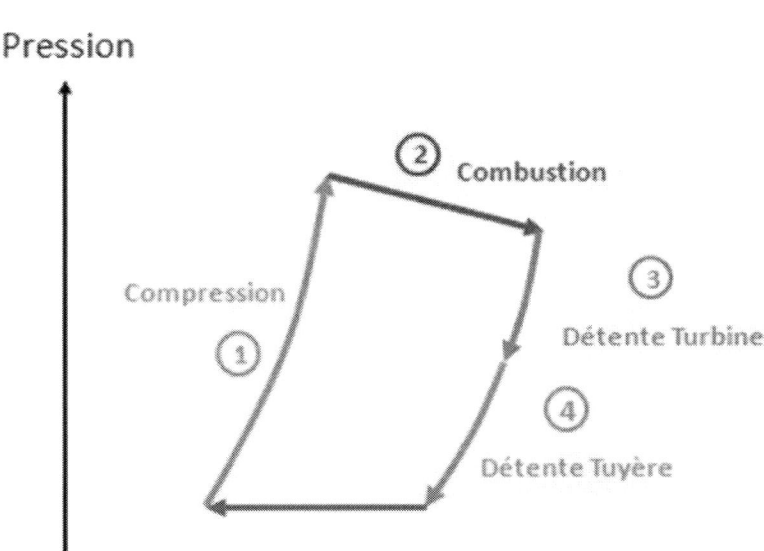

Pression

② Combustion

Compression

①

③ Détente Turbine

④ Détente Tuyère

Température

① On comprime l'air aspiré à faible puis à haute température dans les compresseurs BP puis HP.

② **Le mélange s'enflamme dans la chambre de combustion. La température s'élève encore.**

③ Détente du mélange gazeux dans la turbine, la pression et la température diminuent.

④ Détente du mélange gazeux dans la tuyère, la pression et la température diminuent encore.

Cycle thermodynamique
d'un turboréacteur en Pression-Température

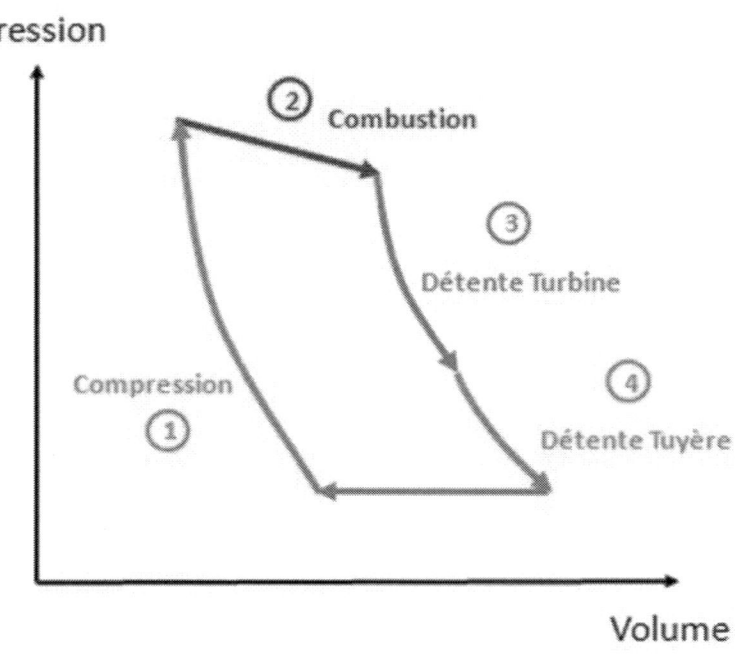

Pression

② Combustion

③ Détente Turbine

Compression

①

④ Détente Tuyère

Volume

① On comprime l'air aspiré dans les compresseurs BP puis HP. La pression augmente car le gaz tient dans un volume plus faible

② Le mélange s'enflamme dans la chambre de combustion.

③ Détente du mélange gazeux dans la turbine, la pression et le volume diminuent.

④ Détente du mélange gazeux dans la tuyère, la pression diminue et le mélange occupe à nouveau son volume initial.

Cycle thermodynamique
d'un turboréacteur en Pression-Volume

Le turboréacteur suit donc le même **cycle à 4 temps** que le moteur à piston. A la différence que pour ce dernier, les 4 temps se déroulent au **même endroit** (dans le cylindre), alors que pour le turboréacteur, les 4 phases du cycle ont lieu dans des **parties différentes du moteur** (en entrée d'air, puis dans le compresseur, puis dans la chambre de combustion, puis dans la turbine, puis dans la tuyère). Du coup, les grandeurs des différents **paramètres physiques** du flux d'air (**pression, température, volume**) évoluent différemment selon la zone du turboréacteur où il se trouve.

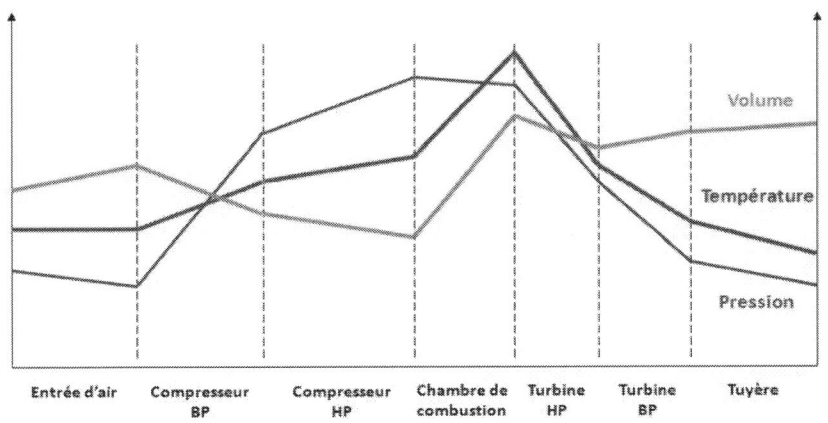

*Evolution de la pression, de la température et du volume
du flux d'air lors de la traversée du turboréacteur*

La poussée du turboréacteur

La **poussée** générée par un turboréacteur résulte de **l'accélération de l'air entre l'entrée et la sortie** suite à sa compression puis à sa combustion. Pour fournir de la poussée vers l'avant, **il faut que la vitesse d'éjection du gaz en sortie soit supérieure à sa vitesse d'admission en entrée**.

La poussée est donc **une force**. Elle correspond à la différence entre la **poussée en sortie de tuyère** sous l'effet de la vitesse d'éjection des gaz et **la force de trainée au niveau l'entrée d'air**, qui dépend de la vitesse d'entrée des gaz et qui génère un effet inverse au jet propulsif.

La poussée se traduit donc par de la façon suivante :

F poussée = F poussée en sortie de tuyère - F trainée à l'entrée

C'est donc le **débit d'air absorbé** par la vitesse qui est à l'origine de ces forces. Ce qui revient à :

F poussée = Q sortie x V sortie - Q entrée x V entrée

Avec :
Q sortie le débit massique de l'air sortant du moteur (en kg/s)
Q entrée le débit massique de l'air entrant du moteur (en kg/s)
V entrée la vitesse d'entrée des gaz dans le compresseur (m/s)
V sortie la vitesse de sortie des gaz de la tuyère (m/s)

La différence entre le débit entrant et le débit sortant provient pour l'essentiel du **débit de carburant**, qui vient s'ajouter lors de la combustion, et de **l'air prélevé pour la pressurisation de la cabine**, qui ne ressort pas de la tuyère.

La poussée est d'autant plus élevée que **la compression de l'air est élevée**, que la **combustion est efficace**, et que la **tuyère de sortie est aérodynamique**.

Le rendement d'un turboréacteur

Le rendement mesure **l'efficacité de fonctionnement du turboréacteur**, en mesurant la puissance rendue par le moteur par rapport à la puissance fournie en entrée.

On peut distinguer **trois rendements** :

- <u>**Le rendement propulsif**</u> : Le rendement de propulsion mesure la transformation de la **puissance cinétique** (la puissance crée par l'éjection des gaz) en **puissance utile à la propulsion**. Ce rendement indique donc l'efficacité de la poussée du turboréacteur par rapport à la vitesse d'éjection des gaz du réacteur. Ce rendement valide en fait la qualité de la conception mécanique du turboréacteur.

- <u>**Le rendement thermique**</u> : Le rendement thermique mesure la transformation de **l'énergie chimique** du carburant en **énergie cinétique**. Le turboréacteur exploite le pouvoir calorifique du carburant dans la chambre de combustion pour accélérer l'air ambiant le plus possible. Ce rendement indique donc l'efficacité de la transformation chimique lors de la combustion.

- **Le rendement de thermopropulsif** : Le rendement thermopropulsif est le **rendement global du moteur**. Il est le résultat de la **combinaison du rendement propulsif et du rendement thermique**. Il mesure donc l'efficacité de la propulsion du turboréacteur par rapport à l'énergie chimique fournie par le carburant.

La puissance fournie

La **puissance fournie** se partage entre la **puissance utile** et la **puissance perdue**. Le **rendement** du moteur étant le rapport entre la puissance utile et la puissance fournie. La puissance n'est pas une grandeur très utilisée par les motoristes et avionneurs. On se préfère travailler sur la **poussée**.

Quelques **ordres de grandeurs de puissances** :

- Moteur à forte puissance : **100 000 KW**
- Moteur à post-combustion : **60 000 KW**
- Moteur à puissance moyenne : **35 000 KW**
- TGV : **1200 KW**
- Voiture moyenne : **100 KW**

Un turboréacteur à forte puissance équivaut donc à environ **1000 fois** la **puissance d'une voiture**. Et il fournit l'équivalent **1/10 de la puissance d'une centrale nucléaire**.

Le GE90, turboréacteur le plus puissant au monde

La consommation

A l'heure actuelle, la consommation en carburant pour alimenter les moteurs d'avions représente **8% de la consommation mondiale en produits pétroliers**.

La consommation d'un moteur d'avion est définie par la notion de **consommation spécifique**, qui mesure le **débit de carburant consommé** rapporté à **l'efficacité propulsive**. Selon les technologies utilisées, on utilisera la notion de **force** ou de **puissance** :

$Cs = q / F$ (kg/h/N) pour les **turboréacteurs**
$Cs = q / P$ (kg/h/W) pour les **turbopropulseurs**

Avec :

Cs : Consommation spécifique

q (kg/h) : Débit de carburant

F (N) : Force de poussée générée

P (W) : la puissance fournie

La consommation d'un moteur est **fonction de la poussée du moteur**. Le turboréacteur **GE90**, qui produit la poussée la plus importante au monde, a une consommation effective en **régime de croisière** de plus **4 000 litres par heure**, soit **3 000 kg par heure**. Cela équivaut à environ **400 litres aux 100 km**.

La **consommation lors des phases de décollage et de montée** est nettement plus importante qu'en régime de croisière. Sur un Boeing 777, équipé de deux moteurs GE90, la consommation est ainsi de l'ordre de **1 800 litres aux 100 km**. Rapporté au nombre de passagers (environ 400 passagers avec leurs bagages), cela revient à **5 litres aux 100 km par passager**, proche de la consommation d'une voiture moyenne gamme.

Quelques **chiffres** sur la consommation des avions:

- Le concorde (Rolls-Royce Olympus) consommait **17 L aux 100 km par passager**.
- Le B707 (Pratt & Whitney JT3D) consommait **10 L aux 100 km par passager**.
- L'A380 (Rolls-Royce Trent) consomme **2,8 L aux 100 km par passager**.

Ces dernières décennies, les motoristes ont fait des **progrès significatifs sur la consommation en carburant**. Entre le début des années 1970 et le début des années 1980, la consommation spécifique des turboréacteurs a baissé en moyenne de 20%. Depuis le milieu des années 1980, elle a diminué à nouveau d'environ 10%. Et d'ici la fin des années 2010, l'objectif des motoristes est de la réduire d'encore au moins 15%.

Une **baisse de la consommation de 15%** représente environ **un million de dollar d'économie par an et par avion**. C'est donc un enjeu économique majeur. Cette baisse reviendrait à **réduire les émissions de CO_2 de plus de 3 500 tonnes par an** ce qui équivaut à la **capacité d'absorption de plus de 200 000 arbres**. C'est aussi l'équivalent de la **consommation de plus de 1000 voitures par an**.

Une tendance va cependant à l'inverse de ces progrès sur la consommation en carburant. On observe en effet que la **masse par passager** (bagages compris) **augmente d'environ 1 livre par an**, c'est à dire environ 450g. Les principales explications sont d'une part le **poids des passagers** qui augmente, et d'autre part le **matériel électronique**, notamment les smartphones.

La masse

Pour les **plus gros turboréacteurs**, la masse est de **8 300 kg** environ. C'est environ **50 fois plus que le moteur d'une voiture** de moyenne gamme. En revanche, ce turboréacteur est **20 fois plus puissant qu'une voiture à masse égale**. Et à **puissance égale**, ce moteur est **15 fois plus léger qu'un moteur de Formue 1**.

Les **turboréacteurs monocouloirs** (de type CFM56) ont un poids d'environ **3 500 kg**. Les **moteurs militaires**, à très faible taux de dilution, sont plus légers. Au alentour de **1 000 kg**.

Sur **l'ensemble propulsif complet** (moteur et nacelle), le **moteur** compte pour **70% de la masse** de l'ensemble, et la **nacelle** pour **22%**. Les inverseurs de poussée comptent à eux seuls pour la moitié de la masse de la nacelle.

Comparaisons pour quelques turboréacteurs :

Moteurs	Taux de dilution	Vitesse (croisière)	Poussée	Poids
GE90	9	1030 km/h	512 kN	8 300 kg
CFM56	6	830 km/h	151 kN	2 200 kg
M88	0,3	1900 km/h	50-75 kN	900 kg
Trent 900	9	910 km/h	374 kN	6 250 kg
PW307	4	900 km/h	31-37 kN	600 kg
TP400	0.8	780 km/h	111 kN	1 900 kg
SaM146	4,5	820 km/h	79 kN	2 280 kg

Les différentes catégories de turboréacteurs

Les turboréacteurs simple flux, simple corps

C'est l'architecture la plus simple qui existe. Un tuboréacteur est à **"simple flux"** lorsque tout l'air aspiré par le compresseur passe par la chambre à combustion et la turbine.

Le **compresseur** tourne, aspire et compresse l'air ambiant. Pour pouvoir tourner, **il est couplé à la turbine par un arbre rotatif central**. Cet attelage compresseur-arbre-turbine constitue un **"simple corps"**.

A l'autre bout, la **turbine est entrainée en rotation** par la détente des gaz chauds en sortie de chambre de combustion. La turbine fait ainsi **tourner le compresseur** par l'intermédiaire de l'arbre.

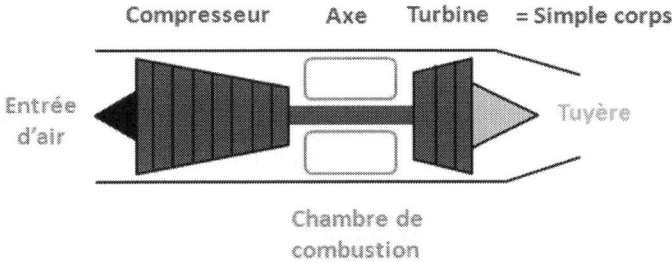

Description d'un turboréacteur simple flux, simple corps

Le reste de l'énergie cinétique, sous la forme de gaz chauds sous pression, fournit l'énergie de propulsion du turboréacteur. **La poussée se produit par éjection des gaz dans la tuyère d'échappement**. La section convergente est spécialement conçue pour maximiser la poussée.

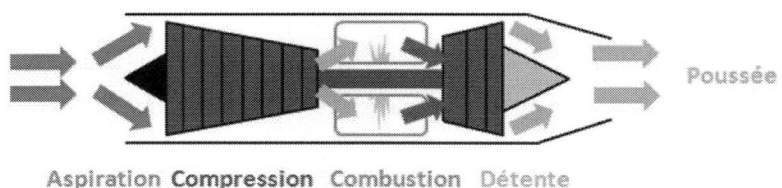

Aspiration **Compression** Combustion Détente

Principe de fonctionnement du turboréacteur simple flux, simple corps

Cette configuration simple flux et simple corps présente cependant **deux inconvénients**. D'une part, **la consommation en carburant est très importante** (tout le flux entrant passe en combustion), et d'autre part les vitesses très élevées d'éjection des gaz sont responsables de **fortes nuisances sonores**. Par ailleurs, les turboréacteurs à simple flux n'atteignent un **bon rendement qu'au-delà de Mach 1**.

Les turboréacteurs simple flux, double corps

Pour améliorer la puissance et l'efficacité du turboréacteur, l'attelage peut être séparé en deux parties : **une partie basse pression** et **une partie haute pression**. Il n'y a donc plus un seul attelage, mais **deux attelages** (ou **"corps"**) composés chacun de l'ensemble compresseur-arbre-turbine. On parle dans ce cas de technologies **"double corps"**. Un corps est dit "basse pression" et l'autre corps est dit "haute pression".

Pour ces deux **"ensembles tournants"**, **le compresseur et la turbine sont à chaque fois liés entre eux par un arbre rotatif**. On compte donc **deux arbres différents**, un pour chaque corps, tournant à des **vitesses différentes**. L'arbre rotatif du corps basse pression passe à l'intérieur de l'arbre du corps haute pression. Le corps "haute pression" tourne ainsi à environ 5000 tr/min, alors que le corps "basse pression" tourne plutôt à 1500 tr/min.

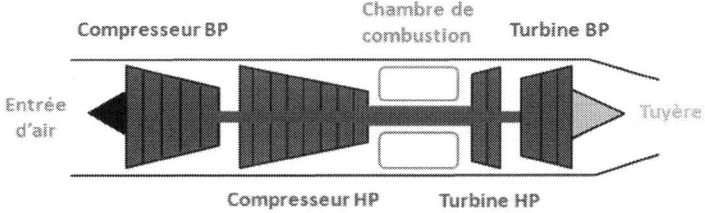

Description d'un turboréacteur simple flux, double corps

Cette technologie à plusieurs attelages accroit les **performances de poussée** et diminue la **consommation en carburant**. Ce qui **augmente le rendement** du système propulsif. En contrepartie, l'ensemble des corps et des arbres concentriques **alourdissent** le moteur.

Les deux arbres **tournent en principe dans le même sens** (sens des aiguilles d'une montre) pour minimiser la sollicitation mécanique sur les roulements des paliers. Dans certains cas, ils peuvent tourner en sens inverse pour ne pas provoquer d'effets gyroscopiques.

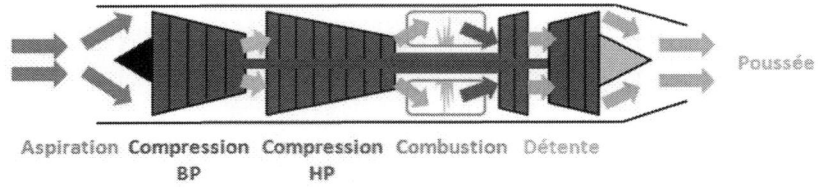

Principe de fonctionnement du turboréacteur
simple flux, double corps

La technologie **"double corps"** équipe tous les **turboréacteurs modernes**. Le moteur Rolls-Royce Trent possède même une technologie **"triple corps"** sur le RB211.

Les turboréacteurs double flux, simple corps

Un turboréacteur simple flux éjecte des gaz à des **vitesses très élevées**, qui sont à l'origine d'une très forte poussée. En revanche, la **consommation en carburant est très élevée**, les **nuisances sonores importantes** et le **rendement médiocre**.

La **solution "double flux"** consiste à prélever en début de compression une grande partie du **flux d'air entrant**, avant que celui-ci ne soit injecté dans la chambre de combustion. Contrairement à la technologie "simple flux" qui n'éjecte qu'un flux d'air chaud, le turboréacteur "double flux" va refouler deux flux. Le **flux primaire**, passant par la chambre de combustion, et le **flux secondaire**, qui n'y passe pas.

Le flux primaire est un **flux d'air chaud** à environ 550°C alors que le flux secondaire est un **flux d'air froid** d'environ 150°C. Ce flux secondaire est **accéléré à une vitesse**

moyenne mais sur un **débit d'air très important**. Il est éjecté par une **tuyère séparée** de la tuyère d'éjection du flux primaire.

Flux froid   **Flux chaud**   Evacuation refroidissement/huile

Exemple d'un turboréacteur à double flux :
flux froid et flux chaud

On pourrait penser que la poussée est plus faible si une partie du flux n'est pas accélérée dans la chambre de combustion. Mais la **quantité d'air prélevée** par le turboréacteur "double flux" est nettement plus importante que pour un "simple flux", ce qui **augmente fortement le débit**.

La turbine récupère ainsi un maximum d'énergie. Ce qui se traduit par une **augmentation de la poussée**. A basse altitude, le flux secondaire fournit **80 à 90% de la poussée** du moteur. Et plus de 50% à haute altitude (où l'air est plus rare).

Cette technologie présente un **double avantage**. D'abord la **consommation en kérosène baisse** par rapport au moteur "simple flux" car une **petite partie seulement du débit d'air est utilisée pour la combustion**. D'autre part, la vitesse d'éjection du flux secondaire est plus faible, ce qui fait **baisser des nuisances sonores**.

Le "double flux" a largement contribué à l'amélioration de la qualité de vie à bord des avions et à proximité des aéroports. Les motoristes sont incités à utiliser cette technologie sur des avions commerciaux pour **respecter les réglementations sur le bruit**. Le "simple flux" reste cependant utilisé par les avions de combat volant régulièrement à plus de Mach 1.

Les turboréacteurs double flux, double corps

Ce type de turboréacteur **combine** les technologies **"double flux"** et **"double corps"**.

Les turboréacteurs à double flux nécessitent de **faire tourner les différentes parties du compresseur à des vitesses différentes**. Il faut donc des **turbines** qui tournent à des vitesses différentes pour entrainer indépendamment chaque attelage. **La turbine directement en sortie de chambre de combustion reçoit plus d'énergie et tourne plus vite** que la turbine la plus éloignée. Ce fonctionnement fait donc appel à un dispositif double corps.

La technologie **"double flux"** et **"double corps"** nécessite d'augmenter le diamètre du moteur, ainsi que le diamètre du compresseur basse pression. **L'entrée du compresseur BP est volontairement surdimensionnée**, de façon à **augmenter la quantité d'air aspiré**. On **prélève** alors une grande partie de l'air circulant vers l'entrée du **compresseur BP**, de façon à créer le **flux secondaire**. Le **flux primaire** traverse quant à lui tout le réacteur et va **interagir avec les deux corps**, passant d'abord par le compresseur BP, puis par le compresseur HP, la chambre de combustion, la turbine HP et la turbine BP.

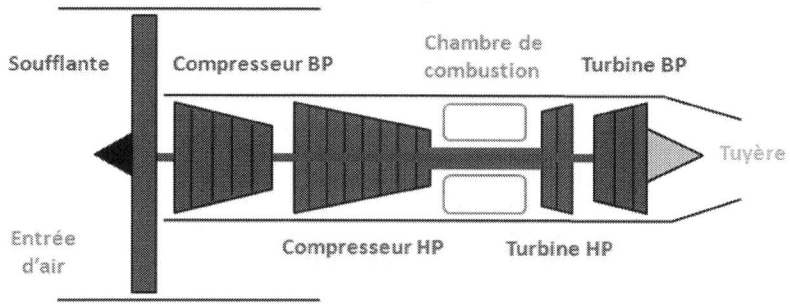

Description d'un turboréacteur double flux, double corps

Le corps basse pression (BP) est donc à l'origine du flux secondaire. Ce corps BP est entrainé par la turbine BP située très en aval de la chambre de combustion. **Le corps haute pression (HP) produit le flux primaire**. Ce corps HP est entrainé par la turbine HP. Les corps BP et HP tournent et fonctionnent ainsi de façon totalement indépendante.

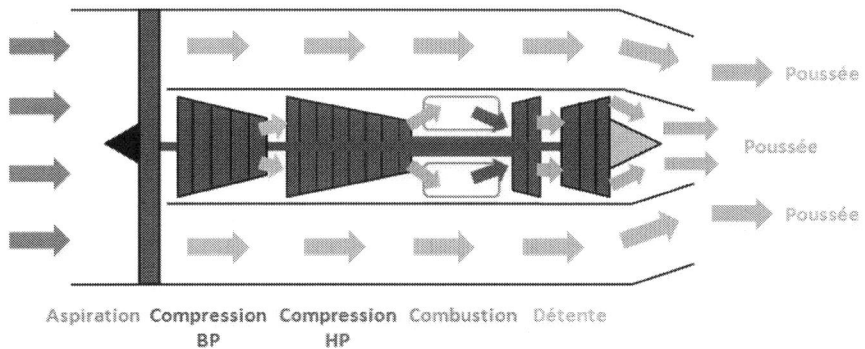

Principe de fonctionnement du turboréacteur double flux, double corps

Les turboréacteurs double flux mélangés

Cette technologie reprend pour l'essentiel les principes du "double flux" déjà évoqués. Nous avons vu que le flux primaire et le flux secondaire étaient séparés lors de la traversé du moteur, jusqu'en sortie de tuyère. Avec le "double flux mélangés", les **deux flux vont se rejoindre et se mélanger dans la même tuyère avant d'être éjectés**.

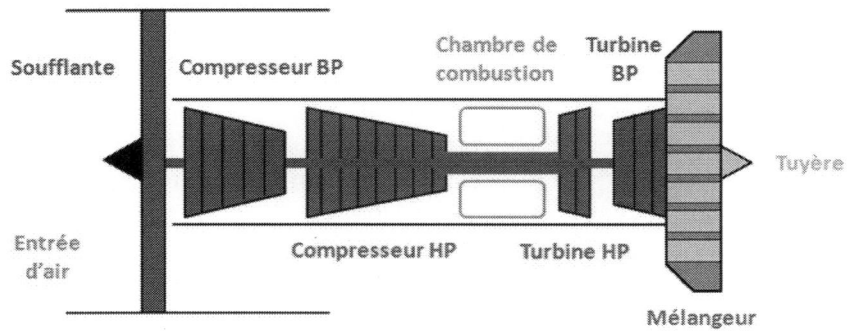

Description d'un turboréacteur avec mélangeur

Un **mélangeur** ou **"mixer"** est donc rajouté en entrée de tuyère pour favoriser le **mélange des flux primaire** (air chaud) **secondaire** (air froid). Le flux secondaire est ainsi accéléré au contact du flux primaire. Ce qui **améliore la poussée** globale du système propulsif.

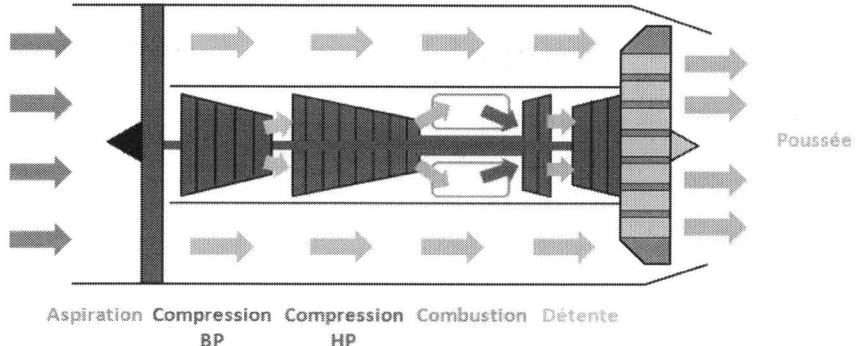

Aspiration **Compression** **Compression** Combustion Détente
BP HP

Principe de fonctionnement du turboréacteur avec mélangeur

Exemple d'un mélangeur sur le turboréacteur
Silvercrest de Snecma

Les turboréacteurs double flux avec soufflante

Ce sont des turboréacteurs à "double flux" et "double corps" auxquels on ajoute en entrée de compresseur BP une soufflante ("fan" en anglais). La soufflante est entrainée par le **même arbre que le corps basse pression**, et tourne donc à la même vitesse que le compresseur BP. Le diamètre de cette soufflante est nettement supérieur au diamètre du compresseur et va ainsi **aspirer un maximum d'air vers l'entrée du moteur**. La soufflante (qui est immédiatement suivie d'un étage redresseur) joue ici un rôle de **premier compresseur**, avant **séparation des flux primaire et secondaire**. La majeure partie de l'air à l'entrée de la soufflante va constituer le flux secondaire. L'important débit d'air récupéré **maximise la poussée** en sortant par la **tuyère secondaire**. Le flux secondaire est faiblement accélérée, mais vient **"isoler"** (ou **"gainer"**) le flux primaire fortement accéléré qui sort de la **tuyère primaire**.

Cependant, les soufflantes à trop grands diamètres sont à l'origine de bruits lorsque la vitesse d'éjection des jets est plus faible. Ce qui **limite l'utilisation des soufflantes de trop grandes dimensions**.

Ces gros **"turbofans"** ne sont utilisés que sur des **avions subsoniques** car l'énorme soufflante perdrait rapidement de son efficacité en vol **supersonique**.

Rappelons qu'un appareil **subsonique** vole à une **vitesse inférieure à la vitesse du son**, c'est à dire avant l'apparition d'une **onde de choc**. Cette vitesse critique est de 334 mètres par seconde (ou 1224 km/h), mais on parle plus simplement de **Mach 1**. Les **avions supersoniques** peuvent voler à une **vitesse supérieure à Mach 1**.

Les turboréacteurs post-combustion

Pour qu'un avion dépasse le mur du son, il faut lui fournir de la poussée supplémentaire. Cette puissance peut lui être apportée par un système de **"post-combustion"**, appelé aussi système de **"réchauffe"**.

Post-combustion en fonctionnement
sur un des turboréacteurs

L'air éjecté par la chambre de combustion contient encore une **grande quantité d'oxygène** malgré la combustion (il reste un tiers d'oxygène environ). Même si le moteur tourne à plein régime. En injectant du carburant à l'air chaud éjecté, on peut donc produire une **nouvelle combustion**. Celle-ci se déroule cette fois dans une partie appelée **"canal post-combustion"**, qui est située entre la turbine et la tuyère.

Le moteur M88 qui équipe Rafale possède
un système de post-combustion

Du kérosène est injecté par fines gouttes pour se vaporiser et se mélanger avec le flux d'air chaud qui sort à vitesse élevée. Des **flammes** apparaissent et vont se loger dans des gouttières à formes toriques, les **"accroche-flammes"**. Elles permettent de maintenir la circulation du gaz dans la partie centrale du canal, et de provoquer ainsi une nouvelle combustion. On obtient une **brusque augmentation de la poussée**. Cette poussée supplémentaire est utile lors d'un **décollage** sur une piste courte, ou pour réaliser une **manœuvre particulière**.

Le canal post-combustion et son système de réchauffe

La post-combustion permet de **multiplier par deux la poussée du turboréacteur** (c'est à dire l'équivalent d'un turboréacteur en plus) **sans ajout d'un moteur supplémentaire** ou **modification de la taille**. Attention, la

consommation en kérosène est dans ce cas **multipliée par 5**.

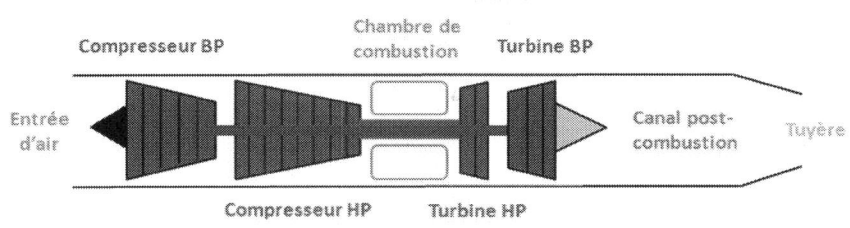

Description d'un turboréacteur
muni d'un canal post-combustion

On utilise le système de réchauffe car la température en sortie de chambre et à l'entrée de la turbine HP est **limitée par la tenue en température des matériaux**. Plus la température dans la turbine HP est élevée, plus la vitesse d'éjection des gaz est élevée, et donc plus la poussée est forte. **Les performances en poussée sont donc limitées par les matériaux**. Il faut donc passer par le système de post-combustion pour obtenir un **supplément de poussée**.

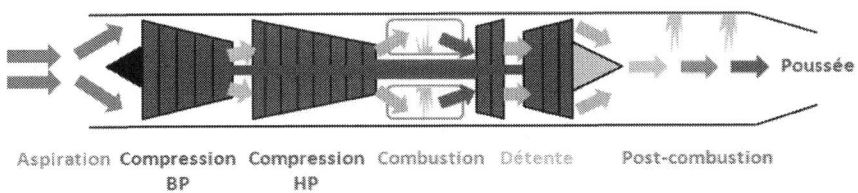

Principe de fonctionnement du turboréacteur
à post-combustion

La post-combustion est utilisée principalement sur les avions **militaires de combat**. **Seulement deux avions civils** ont été équipés de turboréacteur à post-combustion : le Concorde et le Tupolev Tu-144. A noter que la post-combustion des moteurs "Olympus" du Concorde n'apporte que 15% à 20% de poussée supplémentaire contre 50% habituellement. En revanche, ces moteurs peuvent fonctionner pendant presque toute la durée du vol avec la post-combustion allumée.

Le taux de dilution

Le **taux de dilution** (ou "rapport de dilution") est le rapport entre le **"débit d'air froid sortant"** (flux secondaire) et le **"débit d'air chaud sortant"** (flux primaire). On ne parle évidemment de taux de dilution que pour des **moteurs double flux**, les moteurs simple flux n'ayant pas de flux secondaire. Un taux de dilution de 5 signifie par exemple qu'il y a 5 fois plus d'air froid qui sort du moteur que d'air chaud.

L'objectif des motoristes est d'avoir le **taux de dilution le plus élevé possible**. En effet, plus la poussée est obtenue par flux secondaire (flux froid), plus le rendement du moteur est bon car moins celui-ci **consomme de carburant**.

Plus l'avion est destiné à voler à des **vitesses faibles**, plus le **taux de dilution peut être élevé**, et donc plus la proportion de flux d'air froid est importante. Les gros turbofans des avions commerciaux ont par exemple des taux de dilution élevés (autour de 8).

A l'inverse, les avions de combats **supersoniques**, lorsqu'ils sont équipés de moteurs double flux, ont des **taux de dilution très faibles**. Autour de 0,3 pour le moteur M88-2 du Rafale. Dans ce cas, le canal de dérivation (appelé aussi **"canal de bypass"**) est beaucoup plus étroit, et le diamètre du réacteur également car le débit du flux secondaire est très faible.

Le **choix du taux de dilution** relève d'un choix d'ingénierie déterminant quant aux performances du turboréacteur. Choisir un taux de dilution élevé consiste à **accélérer faiblement une importante masse d'air** (l'essentiel de la masse d'air passe par le flux froid). C'est la technologie privilégié des **moteurs civils**. En revanche, choisir un taux de dilution faible consiste à **accélérer fortement un très faible flux d'air**. Ce qui est le cas des **avions de combat**.

Généralement, les taux de dilution sont compris **entre 5 et 10**. En augmentant le taux de dilution **à plus de 10**, on risque de dégrader trop fortement la trainée pour aller beaucoup au delà. Le volume "mouillé" de la nacelle augmente avec l'augmentation du diamètre du moteur (qui augmente avec le canal flux froid). La **force de trainée augmente**, ce qui finit par annuler le gain en propulsion.

Les composants du turboréacteurs

Aperçu des principaux composants

*Description d'un turboréacteur
et de ses principaux composants*

La soufflante

Le rôle

La plupart des turboréacteurs à double flux sont équipés d'une soufflante à l'avant du compresseur basse pression. Une soufflante est composée de pales de grandes dimensions, dont le nombre est variable. L'incidence des pales varie entre le pied et le bout de la pale.

La soufflante assure **l'aspiration** et le **bon écoulement de l'air en entrée** de réacteur et constitue la **première compression du flux d'air entrant. Le flux est ensuite séparé en deux**. La plus grande partie constitue le flux secondaire (flux froid) qui contourne la partie chaude du moteur. L'autre partie, le flux primaire (flux chaud) traverse l'ensemble du réacteur. La soufflante améliore donc la poussée fournie par le flux secondaire en **accélérant le flux d'air entrant**.

Le principe de fonctionnement

Le fonctionnement d'une soufflante est similaire au fonctionnement d'un étage de compresseur. A noter toutefois que la dimension de la soufflante est nettement supérieure à celle des aubes d'un compresseur. A l'arrière de la soufflante, un **redresseur** assure la première compression du flux d'air entrant. Un **séparateur** assure quant à lui la séparation de l'air entrant entre le flux primaire et le flux secondaire.

Pour garantir le bon fonctionnement de la soufflante dans toutes les conditions climatiques, **l'entrée d'air doit être dégivrée**. Par ailleurs, un système de **découplage** empêche la soufflante de se propulser vers l'avant en cas de **perte d'aube** grâce à la présence d'une butée axiale.

Le **cône de pénétration** pointu, situé au centre de l'entrée d'air, guide par sa forme le flux d'air vers la soufflante. Il évite aussi que la glace s'accroche. Ce cône abrite souvent le démarreur sur les avions civils. A noter que la **spirale dessinée** sur le cône du moteur permet de repérer de loin si le moteur est ou non en fonctionnement.

La soufflante est une **source de bruit importante**. Il est possible de le réduire par un dimensionnement approprié du nombre d'aubes, et notamment de leur écartement. Par ailleurs, à l'approche de la vitesse du son, les aubes de la soufflante provoquent des **ondes de choc** qu'il faut éviter en adaptant la conception de l'entrée d'air. Lors **essais aux bancs**, le comportement de la soufflante est particulièrement étudié avec notamment des scénarios d'ingestion d'eau ou d'oiseaux et des tests de perte d'aubes.

A noter que sur le moteur CF700 de General Electric, la soufflante est **placée à l'arrière** et non à l'avant. Mais il s'agit d'une exception.

Vue de la soufflante à l'entrée d'un turboréacteur

A titre indicatif, la **vitesse en périphérie d'une aube** de soufflante en fonctionnement est d'environ de **300 à 400 mètres par seconde**. Le **poids de chaque aube** peut varier de **2 à 5 kg**. Pour un moteur à forte puissance fonctionnant à un régime élevé, le **débit d'air est de 1500 kg par seconde**, c'est à dire **plus de 1 000 000 litres par seconde**. Mais seulement **5% de l'oxygène aspiré est brûlé** (le flux primaire non prélevé pour le refroidissement du moteur).

Pour **augmenter le débit**, et donc la poussée, il est nécessaire **d'augmenter la dimension du diamètre moteur** pour augmenter le flux d'air aspiré. En contrepartie **la masse du moteur augmente**, ainsi que la **trainée induite** par celui-ci. Le choix technique lors du dimensionnement est donc le fruit d'un **compromis** entre ces différentes **contraintes**.

Les compresseurs

Le rôle

Pour améliorer les performances du turboréacteur, le flux d'air entrant est fortement comprimé par un ou plusieurs compresseurs. Le compresseur **aspire l'air de l'extérieur** pour ensuite le **comprimer** et le **porter dans la chambre de combustion** à des conditions de pression et de température optimales.

Nous allons décrire les **deux grands principes de compression** rencontrés : la **compression centrifuge**, technique désormais très peu utilisée, et la **compression axiale**, utilisée sur la quasi-totalité des turboréacteurs. Il est quelquefois possible de combiner les deux techniques avec une solution mixte, le **compresseur "axialo-centrifuge"**.

Principe de fonctionnement d'un compresseur centrifuge

Un compresseur centrifuge utilise un **"rouet"** (pièce mobile du compresseur) qui **aspire l'air axialement**. Sous l'effet de la force centrifuge, l'air est **accéléré**, **comprimé**, puis **refoulé radialement**. Il est ensuite **redressé** dans un **diffuseur** (pièce fixe du compresseur) qui transforme la vitesse de l'air en pression. Un **collecteur** récupère finalement l'air comprimé pour le conduire vers la chambre de combustion.

Ce type de compresseur est **simple** et **robuste**. Il fournit aussi un **bon rendement** avec un taux de compression plus élevé en un seul étage qu'un compresseur axial composé de 5 étages. Mais il présente l'inconvénient majeur d'être

encombrant et ne peut convenir que pour de faibles puissances. Son utilisation est intéressante pour les moteurs d'hélicoptères.

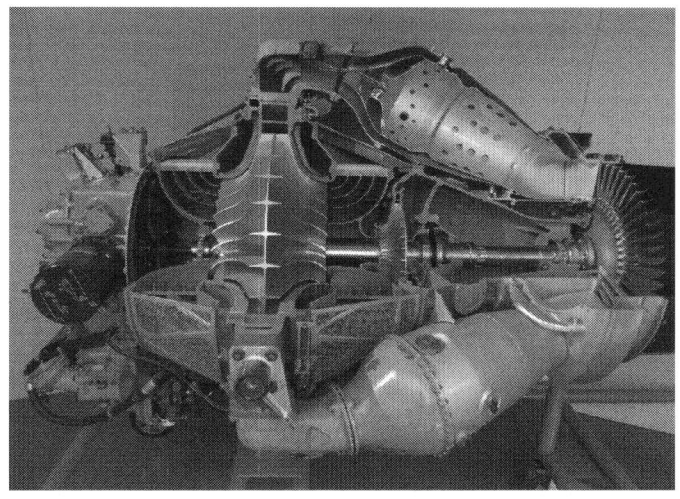

Exemple d'un compresseur centrifuge à un seul étage

Parmi les turboréacteurs équipés de compresseurs centrifuges on peut citer le **moteur Goblin** sur le De Havilland Vampire ou le **moteur Rolls Royce Welland** du Gloster Meteor.

Principe de fonctionnement d'un compresseur axial

Un compresseur axial est constitué d'un empilage d'étages. **Chaque étage** étant composé d'un **"aubage mobile"** et d'un **"aubage fixe"**.

Exemple de compresseur axial à 16 étages

Un étage de compresseur axial se compose d'un **aubage mobile (le rotor)**, constitué d'un disque circulaire sur lequel sont fixées de petites aubes, et d'un **aubage fixe (le stator)**, également circulaire et constitué d'aubes fixes. En fonctionnement, le disque mobile tourne devant la partie fixe.

La compression de l'air se déroule donc en deux temps.

- La **partie mobile (rotor) accélère** d'abord les particules d'air en les déviant de leur trajectoire (de l'axe du moteur).

- La **partie fixe (stator)**, qui suit l'aubage mobile, **ralentit** les particules et **transforme une partie de la vitesse en pression**. On parle aussi de **"redresseur"** pour la partie fixe, car il ramène les particules d'air accélérées par le rotor vers l'axe du moteur.

Redresseur (Stator) Aube mobile Aube fixe

Disques mobiles (rotor)

Vue interne d'un compresseur axial

Un compresseur axial est donc constitué une **série d'étages** (comme celui décrit précédemment). A chaque étage va se produire une **compression de l'air en deux temps** (partie mobile/partie fixe). Etage après étage, l'allongement des aubes est de plus en plus faible. Les derniers étages ont des **sections de passage très faible**. L'air y est donc de plus en plus comprimé, et occupe un volume de plus en plus restreint. Tous les étages sont dimensionnés pour s'adapter parfaitement au fonctionnement des étages en amont et en aval et ainsi **optimiser la compression** en s'adaptant aux variations de volume et de pression.

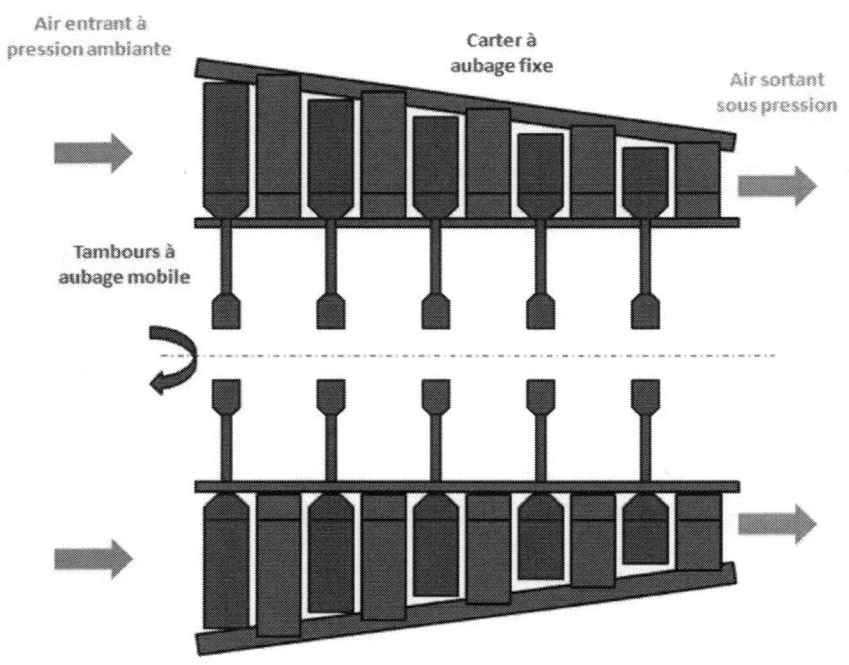

Schéma de principe d'un compresseur axial à étages

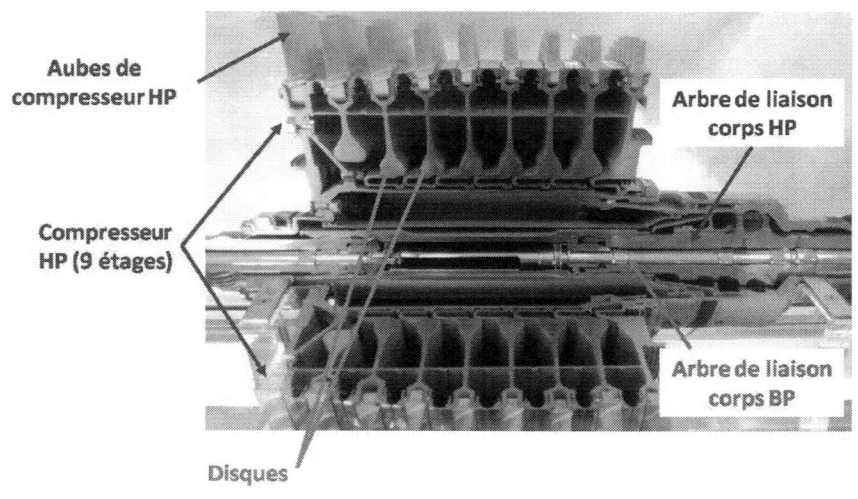

Vue interne d'un compresseur axial et de son arbre de liaison

On peut mesurer, à chaque étage ou au global, le **taux de compression** du compresseur axial. Ce taux mesure le rapport entre la pression en entrée et en sortie.

Le compresseur axial est **moins efficace** que le compresseur centrifuge **sur un étage**. Mais il est **moins encombrant** et donc **plus efficace avec suffisamment d'étages**. Il est utilisé sur la totalité des turboréacteurs actuels. Le moteur Jumo 004 (du motoriste Junkers Motoren), qui équipa le Messerschmitt Me 262, fut le premier moteur équipé d'un compresseur axial.

Le compresseur BP et le compresseur HP

Les compresseurs BP et HP sont conçus de la même manière, et sont basés sur le même principe de fonctionnement. Ils vont se différencier par la **taille des aubes montées sur les disques fixes et mobiles**, par la **vitesse de rotation** des rotors, et par le **nombre d'étages** qu'ils vont comporter. En effet, ces paramètres influencent le taux de compression. Ainsi, plus la **vitesse de rotation** et le **nombre d'étages sont élevés**, plus le **taux de compression est élevé**. De même, plus la **taille des aubes des disques est faible**, plus le taux de compression est élevé.

Principe de fonctionnement rotor/stator

Le **rotor**, disque mobile, aspire et **accélère le flux d'air** en le **déviant** par rapport à l'axe du moteur. Le **stator**, disque fixe, suit le disque mobile dans la disposition de l'étage et va **redresser le flux d'air** vers l'axe moteur en le **ralentissant** et transformant une partie de la vitesse en **pression**.

Le **rotor suivant**, **accélère de nouveau le flux d'air**, en le

déviant de nouveau de son axe moteur. Le **stator qui suit redresse de nouveau le flux d'air**. Celui-ci est à nouveau **ralenti**, ce qui transforme à nouveau la vitesse en **pression**, qui **continue d'augmenter**. Le taux de compression d'un seul étage de compresseur axial est d'environ 1,15. C'est pourquoi un compresseur possède de nombreux étages.

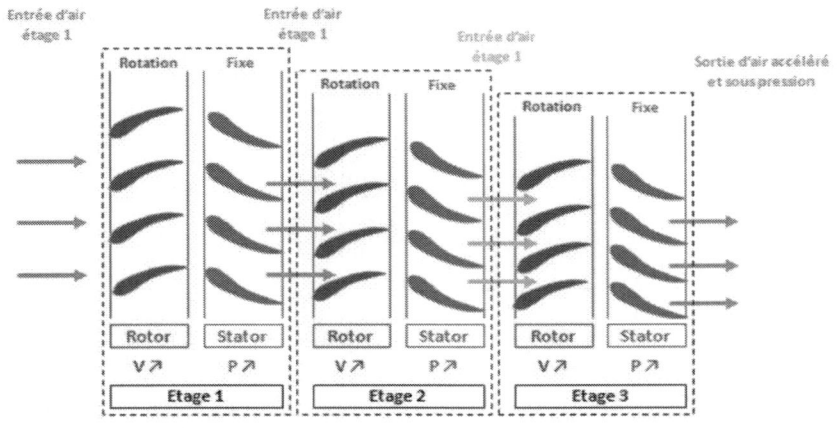

Principe de fonctionnement rotor/stator du compresseur :
Au niveau des aubages mobiles, la vitesse augmente.
Au niveau des aubages fixes la pression augmente.

Une **aube de rotor** est composée d'un **bord d'attaque**, d'une **âme** et d'un **bord de fuite**, comme sur une aile d'avion. Le profil de chaque aube est optimisé en fonction de l'étage du compresseur sur lequel il est monté. De la même façon, les **aubes de stator** ont un profil en forme d'aile. **L'angle d'attaque** des aubes de stator peut être fixe ou variable. On parle dans ce cas d'aubes à **"calage variable"** puisque l'orientation est réglable pour optimiser l'écoulement des gaz. Les aubes de stator sont **fixées directement au carter du compresseur**, ou à l'aide d'un **anneau de retenu**. En général, les aubes de stator sont fixées par groupes de 5 ou 6 aubes sur le tambour du compresseur.

Sur les aubes de la soufflante, du compresseur ou de la turbine, il peut exister un **jeu**. Ce qui est normal, car il faut tenir compte de la **dilatation des pièces** en fonctionnement à **haute température**. Par ailleurs, les aubes sont montées sur des pièces tournantes qui vont être soumises à la **force centrifuge**, ce qui **supprime l'éventuel jeu**.

La conception d'un compresseur dépend pour beaucoup de la **longueur de la piste de décollage**. En effet, la longueur de piste impacte sur le **niveau de poussée** à fournir au décollage (régime moteur élevé), et donc sur le **dimensionnement du compresseur**.

Pour augmenter le **taux de compression** d'un moteur, on distingue principalement deux approches. Soit **ajouter des étages au compresseur**. Mais cela pénalise le poids du moteur. Soit **augmenter la température de l'air en sortie**. Mais cela impacte sur le choix des matériaux et nécessite de revoir le système de ventilation. Certains turboréacteurs peuvent compter **jusqu'à 17 étages** (comme par exemple le moteur J79 de GE).

Quelques chiffres sur les **performances des compresseurs** :

	Nombre d'étages	Taux de compression	Débit d'air
Turboréacteurs de jets d'affaire	5	10	10 kg/s
Turboréacteurs de moyenne puissance	6	11	20 kg/s
Turboréacteurs à forte puissance	9 -10	18-22	70-90 kg/s

La chambre de combustion

Le rôle

La chambre de combustion assure la **combustion du flux d'air** sortant du dernier étage du compresseur HP. Cette phase de chauffe apporte au gaz **l'énergie thermique** nécessaire pour **faire tourner** la ou les turbines en sortie de chambre. Mais elle permet surtout de **fournir la poussée** en sortie de réacteur, au niveau de la **tuyère**.

Le principe de fonctionnement

Les physiciens définissent la **combustion** comme une **réaction chimique exothermique**, c'est à dire qui dégage de l'énergie sous forme de **chaleur**. Les chimistes complètent cette définition en parlant de **réaction d'oxydoréduction** (c'est à dire d'échange d'électrons). Cette réaction de combustion ne peut s'effectuer que si **trois éléments** sont réunis : un **combustible** (le kérosène), un **comburant** (le dioxygène) et une **énergie d'activation** (une étincelle ou une flamme). La réaction de combustion est ensuite auto-entretenue.

Une chambre de combustion se présente comme un **"tube à flamme"** (on parle aussi de "foyer") de **forme torique**. Elle est installée dans un carter de chambre de même forme et se situe sur l'axe du moteur, **entre la sortie du compresseur HP** et **l'entrée de la turbine HP**.

Le **flux d'air compressé** en sortie du compresseur HP pénètre en amont du carter de chambre. Environ **la moitié** est envoyée par la tête **dans le foyer** et le **système d'injection**. **L'autre moitié** contourne la chambre pour **assurer le refroidissement des parois** ou alors **pénètre par des trous dans la chambre** pour homogénéiser le mélange air/carburant. La chambre est donc **refroidie par le l'air sortant du compresseur HP**, à tout de même 500°C. Mais à l'intérieur de celle-ci, la **température est à plus 2000°C**, et à **1200°C en sortie** vers la turbine HP.

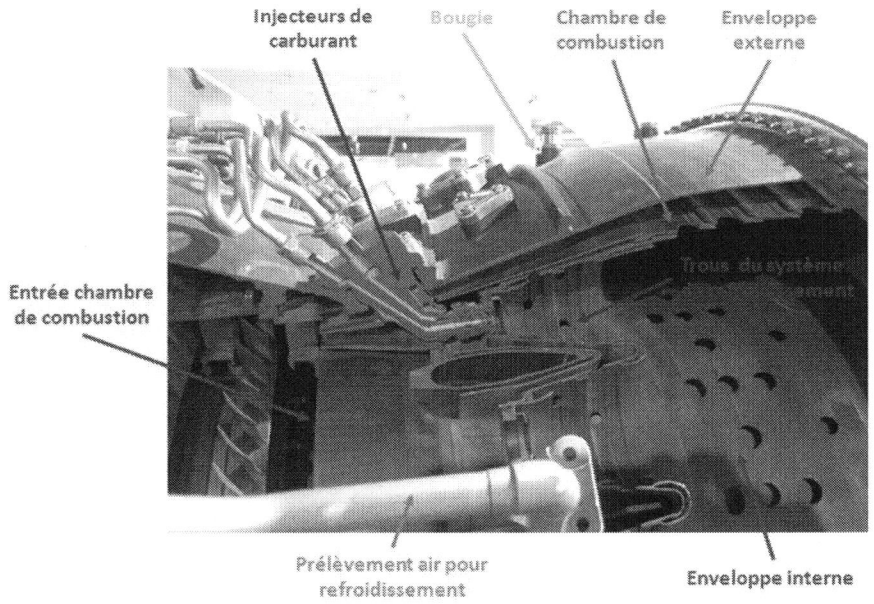

Vue interne d'une chambre de combustion

Une **vingtaine d'injecteurs**, disposée régulièrement à l'avant de la chambre, pulvérise le carburant à l'intérieur de façon à obtenir un **mélange air/carburant** optimal. Ces injecteurs peuvent être **mécaniques** (pulvérisation par pression du carburant) ou **aérodynamiques** (pulvérisation par entrainement de l'air qui pénètre dans la chambre). Une **pompe à carburant** est entrainée parallèlement au compresseur HP pour acheminer ce carburant depuis le réservoir.

Le mélange air/carburant est ensuite allumé par une **bougie**. Des **gaz chauds** sont alors produits par cette combustion et **entrainent la rotation de la turbine**. Au bout de quelques instants, la rotation devient suffisamment rapide pour que le turboréacteur fonctionne de façon autonome.

Pour bien fonctionner, la chambre de combustion doit chauffer l'air de façon **homogène**, sans pic de température. D'où la **forme torique** de la chambre, et la **disposition homogènes des injecteurs** de carburant. La chambre de combustion doit également fonctionner de façon **stable**, sans extinction intempestive. Et pouvoir, le cas échéant, être ré-allumée en vol. Enfin, elle doit approcher la **combustion complète**, optimale car consommant tout le mélange air/carburant présent. Le **rendement** de la réaction est ainsi maximisé, ce qui augmente la **poussée**. De plus, cela permet **d'émettre le moins possible de gaz polluants**, tels le dioxyde de carbone (CO_2), la vapeur d'eau (H_2O) ou les oxydes d'azote (NO_x).

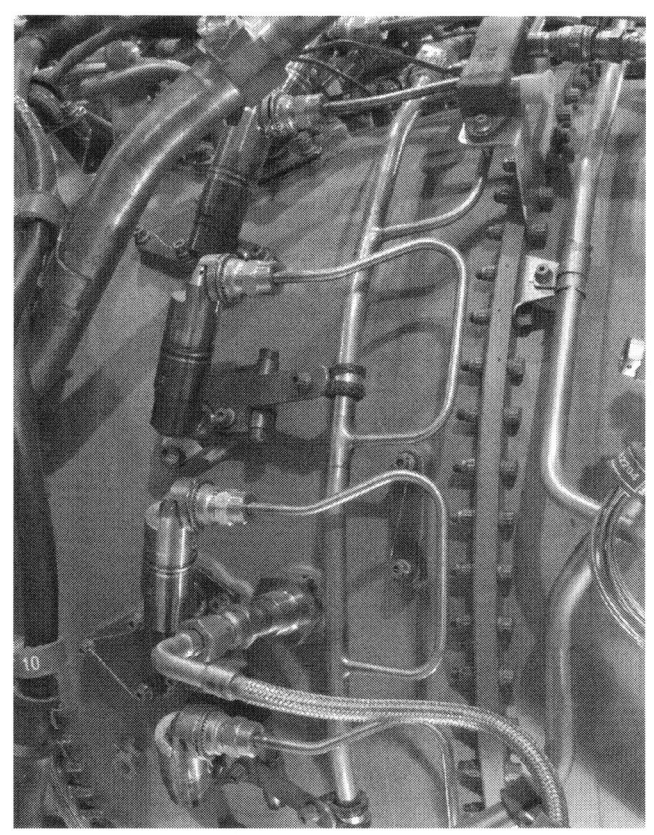

Couronne d'injecteurs et bougie d'allumage
à l'extérieur de la chambre

Examinons maintenant les **deux types de chambres de combustion** que l'on peut rencontrer : les chambres dites "séparées ou tubulaires" et les chambres dites "annulaires".

Les chambre séparées ou tubulaires

Les chambres sont **séparées** et réparties **autour de l'arbre de rotation** compresseur/turbine. Chaque chambre est **alimentée de façon indépendante** en carburant et en air. L'injection s'effectue dans le sens de l'écoulement principal, et l'injecteur se situe au centre de l'arrivée d'air.

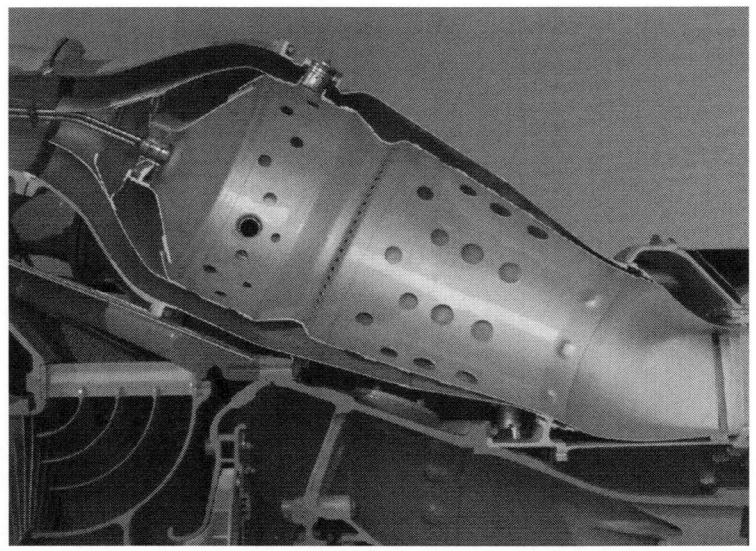

Vue interne d'une chambre tubulaire

Ce type de chambre présente certains inconvénients comme les **pertes de charges** qui y sont importantes car il est difficile de réunir le flux d'air total en sortie. Cette chambre à combustion présente également un **poids** et une **taille** plus élevés.

Les chambres annulaires

Avec les chambres annulaires, **l'ensemble du flux d'air arrive dans un même contenant**. Il n'y a **qu'une seule chambre de combustion** et l'arbre de liaison compresseur/turbine passe à l'intérieur. Les injecteurs à carburant sont disposés régulièrement sur la paroi de la chambre, favorisant l'homogénéité du mélange.

La **taille** des chambres annulaires est importante, mais la

forme compact et le fait qu'il n'y ait **qu'une seule chambre** minimise les pertes de charges.

Vue interne d'une chambre annulaire

Les chambres de combustion doivent obéir à certaines **contraintes d'accessibilité**. Généralement, le démontage du moteur jusqu'à extraire la chambre doit se faire en **seulement quelques jours**. En revanche, le **remplacement d'injecteurs** à carburant doit pouvoir s'effectuer **directement sur l'avion**, sans démontage du moteur.

Les caractéristiques des carburants

Le kérosène, utilisé comme carburant pour les turboréacteurs, est un **hydrocarbure**. Il se compose donc de **86% de carbone** et de **14% d'hydrogène**, même si les proportions peuvent légèrement varier.

Les carburants ont **deux caractéristiques** importantes :
- Le **point de congélation**.
- Le **point d'éclair** (ou **point d'inflammation**).

Le carburant le plus utilisé en aéronautique est le **kérosène Jet A-1**. Son point d'éclair est à 38°C et son point de congélation de -41°C. Dans certaines conditions extrêmes de température, d'autres kérosènes peuvent être utilisés.

D'une façon générale, les carburants aéronautiques doivent présenter les **qualités** suivantes :
- Un **fort pouvoir calorifique** (pour l'autonomie en vol).
- Une **forte masse volumique** (pour diminuer le volume des réservoirs).
- Une **faible inflammabilité** (pour assurer la sécurité du vol).
- Un **fort pouvoir lubrifiant** (pour assurer une longue durée de vie des équipements, notamment les pompes).
- Un **faible prix** (pour assurer la rentabilité du vol).
- Une **forte résistance en température** (pour supporter des températures extrêmes).

Il est par ailleurs nécessaire d'ajouter des **additifs** dans le carburant pour empêcher la formation de particules qui peuvent provoquer des **arrêts en vol**.

Ces additifs ont en effet les **vertus** suivantes :
- **Anti-oxydant**.
- **Anti-corrosion**.
- **Anti-glace**.
- **Dissipateur d'électricité statique**.

Les turbines

Le rôle

La turbine récupère une partie de **l'énergie thermique** issue de la combustion des gaz, ce qui **la fait tourner** et **met en rotation l'arbre de liaison** qui assure le fonctionnement de la soufflante, des compresseurs et du relai d'accessoires.

Les étages de turbines, logés dans un carter

Le principe de fonctionnement

De la même façon que le compresseur, une turbine est composée de **plusieurs étages**. Chaque étage est constitué d'un **disque** (ou aubage) **fixe**, que l'on appelle aussi **"distributeur"**, et qui est suivi d'un **aubage mobile**, que l'on appelle aussi **"roue mobile"**.

Les gaz chauds sortent de la chambre de combustion à une **vitesse élevée**. **Le distributeur accélère** encore la vitesse de l'écoulement et le **dévie** de l'axe moteur. La **roue mobile suivante ralentit** l'écoulement d'air et se met à **tourner**. Une partie de **l'énergie cinétique** est ainsi convertie en **énergie mécanique** pour faire tourner la roue. Le même principe se reproduit ensuite à chaque étage de turbine.

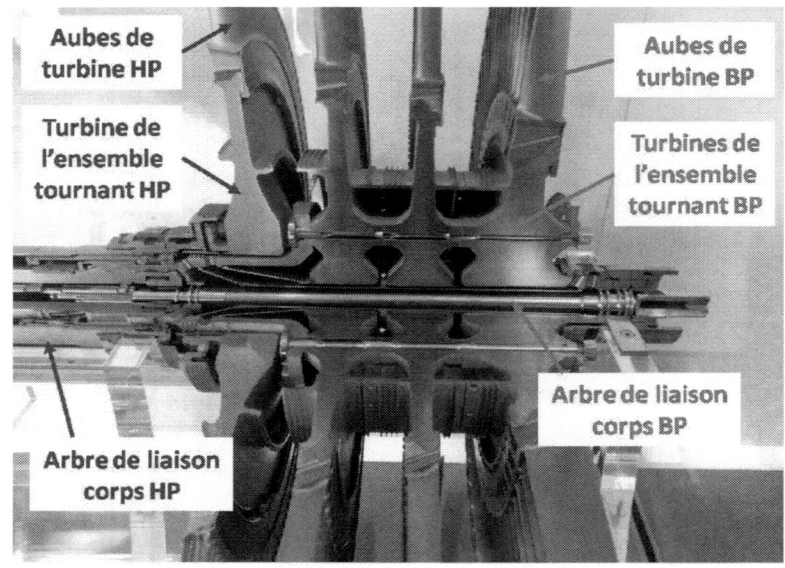

Description d'une turbine à étages avec son arbre de liaison

Les **déviations** de l'écoulement et la **variation** de pression sont **nettement plus importantes** sur un étage de turbine que sur un étage de compresseur. Un seul étage de turbine HP peut ainsi entrainer une dizaine d'étages de compresseur HP.

Les turbines, notamment la turbine HP, sont soumises à des **contraintes en températures** extrêmement élevées. Lorsque la **poussée est maximale**, même les matériaux les plus résistants ne peuvent pas résister. C'est pourquoi la **surface** des aubes de turbines est **traitée thermiquement**. De plus, **l'intérieur des aubes est refroidi** par circulation d'air frais prélevé dans le compresseur HP.

La turbine BP et la turbine HP

Sur un turboréacteur à double corps et double flux, la turbine BP entraine le compresseur BP et la soufflante, tandis que la turbine HP entraine le compresseur HP.

Principe de fonctionnement rotor/stator

Les **aubes du rotor** sont fixées au **disque tournant** par des systèmes de fixation en forme de **pied de sapin**.

Système de fixation des aubes en pied de sapin

Les **aubes directrices du stator** sont fixées au disque du distributeur par un anneau intérieur et un anneau extérieur ou par deux demi-carters. Le distributeur doit **orienter**

l'écoulement des gaz chauds sortant de la chambre de combustion vers les aubes du rotor. Lorsque la turbine est constituée de plusieurs étages, les **distributeurs sont intercalés entre chaque rotor** de la turbine pour **accélérer le flux d'air**.

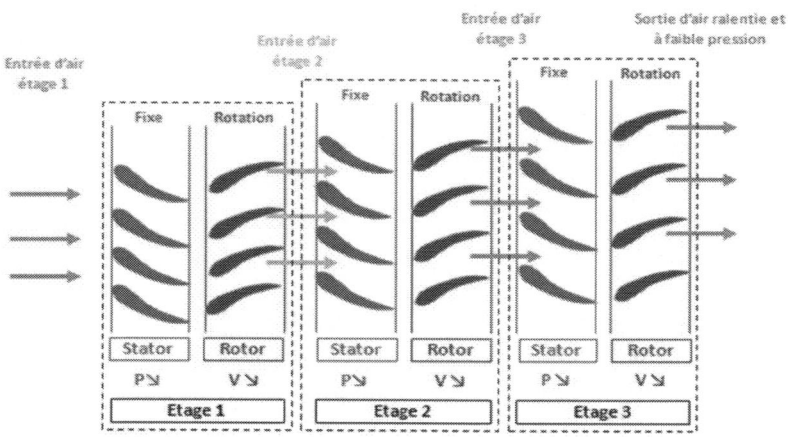

Principe de fonctionnement d'une turbine à étage :
Au niveau des aubages fixes, la pression diminue.
Au niveau des aubages mobiles la vitesse diminue.

Les **aubes du distributeur**, situées en sortie de chambre de combustion, sont soumises à de **très fortes contraintes thermiques**. Il est donc nécessaire de les **refroidir**. Pour cela, de l'air provenant du compresseur HP pénètre à l'intérieur des aubes et circule puis s'échappe par des trous situés au niveau des bords d'attaque et des bords de fuite. Une aube du distributeur est ainsi pourvue d'une **cloison interne**.

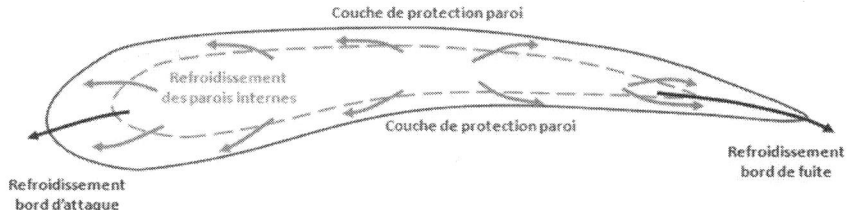

Principe de refroidissement interne
des aubes de turbines HP

L'ensemble des **aubes à talons** forment une **couronne sur le disque**. Au niveau de cette couronne, on rajoute un **joint d'étanchéité** pour **améliorer le rendement**. Les pieds sont également lubrifiés pour **diminuer les vibrations**.

Les tuyères

Le rôle

La tuyère **évacue les gaz chauds** qui sortent sous pression des turbines pour **fournir la poussée** résultant de l'accélération du flux d'air. La tuyère **maximise** par ailleurs **la poussée** en accélérant elle-même par sa forme le flux de sortie.

Le principe de fonctionnement

La tuyère ressemble à un gros tuyau, de **section convergente**, qui **accélère l'air en sortie** de turbine pour **maximiser sa vitesse** et **optimiser la poussée**. On recherche au maximum **l'effet Venturi** en utilisant une section convergente pour **accélérer le flux** et diminuer la pression.

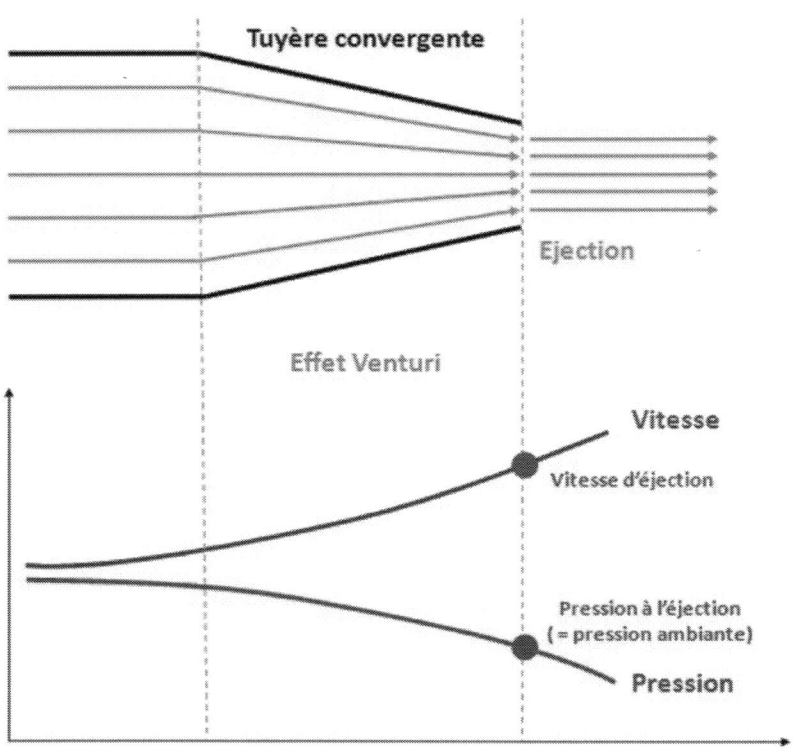

Principe de l'effet Venturi dans une tuyère convergente

Il existe **plusieurs technologies** de tuyères : les tuyères à **double flux séparés**, les tuyères à **double flux mélangés**, et les tuyères à **post-combustion**.

Les tuyères à double flux séparés

Les flux primaire et secondaire sont **éjéctés séparément.** Ils sont chacun expulsés par une tuyère à section convergente fixe, **sans être mélangés auparavant. La tuyère primaire** éjecte le **flux primaire** (flux d'air chaud) et **la tuyère secondaire** éjecte le **flux secondaire** (flux d'air froid).

Les tuyères sont parfois munies de dents. Ce sont des **tuyères à chevrons** dont l'intérêt est de **réduire le bruit** à basses fréquences.

Le flux d'air chaud, éjecté à très haute vitesse, est alors **"gainé"** par le flux d'air froid, éjecté à vitesse plus lente. Le **niveau du bruit** des gaz éjectés **diminue nettement**, car l'air ambiant n'est pas en contact direct avec les gaz chauds accélérés du flux primaire (le flux froid assurant une séparation).

Les tuyères à double flux mélangés

Certains réacteurs à double flux sont munis d'un **mélangeur** (mixer), installé à l'entrée de la tuyère, qui favorise le **mélange des flux d'air primaire** et **secondaire**. Ce dispositif produit un effet d'accélération du flux secondaire, qui **optimise la poussée totale**. Il n'y a plus **qu'une seule tuyère**.

Les tuyères à post-combustion

Les turboréacteurs **post-combustion** ont une **tuyère à section variable** pour s'adapter aux différentes conditions de fonctionnement, et ainsi obtenir un **maximum de poussée** lorsque le régime moteur est plein gaz.

La **variation de section** se fait généralement en actionnant un **système de vérins** qui modifie l'ouverture des volets montés en périphérie de tuyère. Ce qui fait varier le flux total des gaz éjectés.

La tuyère étant souvent sous la responsabilité du nacelliste, certains points techniques évoqués ici sont plus largement détaillés dans le chapitre consacré à la **nacelle**.

La régulation

Le rôle

Lors d'un vol, un turboréacteur doit adapter son fonctionnement aux **différents régimes moteurs**. Il doit **réguler sa puissance**, et donc la **poussée** à fournir. Le **système de régulation** s'assure donc que le turboréacteur fournit la puissance demandée pour chaque régime moteur.

Le principe de la régulation

Depuis sa cabine de pilotage, le pilote utilise une commande, la **manette des gaz**, qui permet de **sélectionner un régime moteur**, et donc un **objectif de poussée** au turboréacteur. La réponse du moteur est alors pilotée par le système de **"régulation"**.

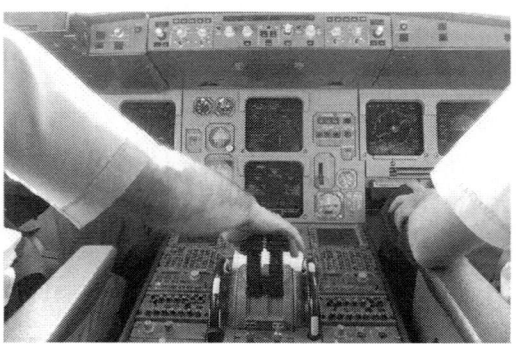

La manette des gaz, actionnée par le pilote,
commande la régulation

Un **calculateur électronique**, ordinateur embarqué appelé aussi **ECU** (Engine Control Unit), s'occupe de **calculer** et de **régler le débit de carburant** à fournir au moteur par l'intermédiaire de la pompe à carburant.

Pour calculer le débit de carburant optimal pour le régime moteur demandé, l'ECU traite un certain nombre de **paramètres** qu'il reçoit par l'intermédiaire des **capteurs**.

Il faut ainsi éviter des **élévations de températures** à des niveaux trop élevés, que **le moteur tourne trop vite**, mais aussi se protéger des **risques de pompage** au niveau du compresseur.

Calculateur (ECU) du moteur TP400-D6 avec son câblage

L'ECU déduit de ces paramètres un **débit de carburant à injecter**. L'ordre est transmis par un signal électrique à la **pompe à carburant**, située au niveau du **bloc hydraulique** (en anglais **HMU** : Hydro Mechanical Unit).

Sur les turboréacteurs récents, le système de régulation est capable de **détecter les pannes** et les **dysfonctionnements** de certains organes, et de compenser. En cas de panne grave, l'ECU va s'éteindre tout seul, entrainant l'arrêt du moteur.

Jusque dans les années 1970, le calculateur est constitué essentiellement de **systèmes hydromécaniques** (huile, servo-moteurs…). Ces systèmes ont été progressivement remplacés par de l'électronique et de l'analogique. On parle désormais de **régulation "Numérique Pleine autorité"**, aussi appelée système **FADEC**.

Calculateur (ECU) du moteur M53

Le pilotage par le système FADEC

Le système **FADEC** (Full Authority Digital Engine Control) est le système qui pilote le fonctionnement du moteur, en quelque sorte son logiciel. Le **calculateur** (ECU) est un ordinateur, donc le cerveau qui assure le fonctionnement du FADEC. C'est ce système qui reçoit les informations des **capteurs de contrôles** et de **capteurs de feedbacks** installés sur le moteur. Il assure aussi le fonctionnement des **inverseurs de poussée** et du **relai d'accessoires**. Un système FADEC est propre à chaque moteur. Ainsi les systèmes et les moteurs ne communiquent pas entre eux.

Le FADEC assure principalement :
- Le **démarrage** du moteur.
- La **gestion de la puissance** fournie, et donc de la **poussée**.
- Le contrôle du **niveau de carburant** à fournir pour atteindre la poussée demandée. Un **excès de carburant** peut engendrer le phénomène de pompage. Un **manque de carburant** risque à l'inverse d'éteindre le moteur.

Le **principal paramètre de pilotage** utilisé par l'ECU est la vitesse de rotation du corps BP (Vitesse **N1**).

Les **autres paramètres importants** également suivis :
- Vitesse de rotation du corps HP (Vitesse **N2**).
- Vitesse de vol de l'avion.
- Pression et température à l'extérieur de l'avion.
- Pression et température à l'entrée d'air de la soufflante.
- Pression et température à l'entrée du compresseur HP.
- Pression et température moyenne de la turbine HP.
- Pression et température de la chambre de combustion.
- Vibration du TRF (Turbine Rear Frame).
- Température de l'huile.

Le **calculateur** lit la **configuration du moteur** qui est une sorte de carte d'identité intégrée. Il communique avec l'avion au moyen d'un système spécifique d'interface. Pour les avions récents, on parle d'**ADIRU** (un pour chaque avion). Ce système reçoit les instructions du pilote, via la **manette des gaz**, et va **calculer** et **fournir le régime moteur demandé** à partir des différents paramètres.

L'objectif de la régulation par le FADEC est donc de **fournir la poussée** correspondant au régime moteur demandé. La poussée dépend de deux paramètres : le **débit d'air** et de la **vitesse d'éjection** des gaz. Le débit d'air (et donc la poussée) augmente avec la **vitesse de rotation des compresseurs** tandis que la vitesse d'éjection des gaz (et donc la poussée) augmente avec la **température en entrée de turbine** (température **EGT**). Le système de régulation doit donc **maintenir automatiquement** le turboréacteur dans les **limites** de vitesse de rotation du compresseur et de température de la turbine. Il agit pour cela sur le **débit de carburant** injecté dans la chambre de combustion.

Si le pilote **accélère avec la manette des gaz**, la régulation **augmente débit de carburant**. Avec l'augmentation de carburant, **l'air chaud se dilate** davantage dans la chambre de combustion. Le flux d'air chaud en sortie est **accéléré**, ce qui **augmente la vitesse de rotation** de la turbine. La vitesse de l'arbre **augmente donc la vitesse de rotation du compresseur**, ce qui **augmente le taux de compression**. Le **régime moteur accélère** conformément à la demande.

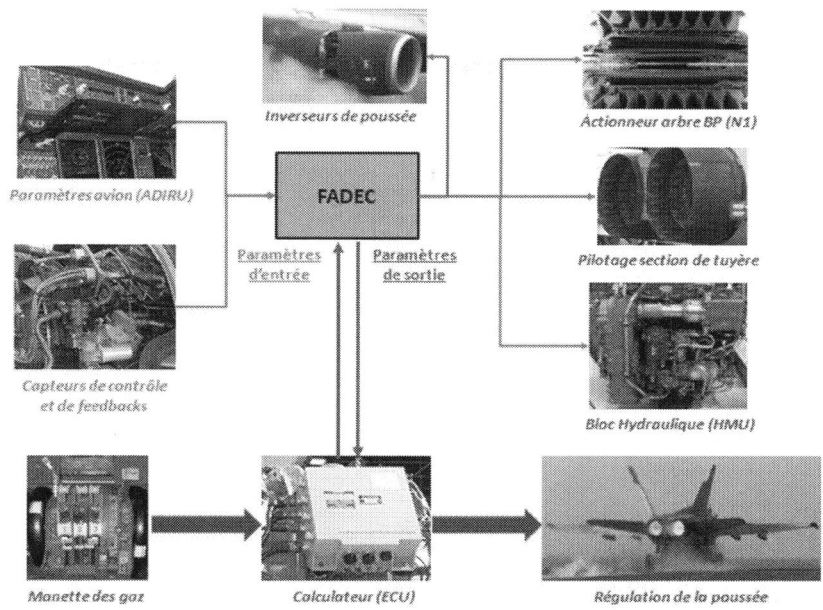

Principe de régulation par le FADEC

Dans certains cas, la régulation peut aussi agir sur certains organes du moteur pour optimiser son fonctionnement. Par exemple en modifiant **l'angle de calage des aubes des redresseurs du compresseur HP** ou en faisant **varier la section de la tuyère** (si c'est une tuyère à section variable).

En altitude, **la densité de l'air est plus faible**, ce qui génère **moins de poussée**. Pour compenser, la régulation a un système d'extension de poussée qui va **augmenter la vitesse de rotation du compresseur** (N1). **La consommation en carburant augmente**, et donc **la combustion chauffe davantage** l'air. La **température EGT** (en turbine) **augmente**, et donc aussi la **poussée**. Mais une trop forte augmentation de la température de turbine risque de

dégrader le moteur. A partir d'une certaine limite, il faut donc maintenir un **EGT constant** en **ralentissant N1**.

Deux calculateurs installés sur le moteur LEAP

Les risques de pompages

La **perméabilité à l'air** des derniers aubages du compresseur est moindre que celle des premiers aubages de la turbine. Le flux d'air, comprimé, chauffé et dilaté dans la chambre de combustion **se dirige donc naturellement en sortie vers la turbine** et **ne cherche pas à s'échapper vers l'avant**, en retournant dans le compresseur. Après démarrage, le fonctionnement est amorcé et **le sens d'écoulement entraine naturellement le flux d'air vers l'arrière**.

Cependant, si le compresseur cherche à comprimer plus d'air que ne peut en avaler la turbine, il se produit des **retours de gaz chauds vers l'avant**. C'est ce qu'on appelle le phénomène de **"pompage"**, qui entraine le **décrochage** de l'écoulement au niveau du compresseur. Le système de régulation permet d'éviter ce phénomène. Un **système VSV** (Variable Stator Valve) optimise les conditions d'entrée d'air dans le compresseur HP en **adaptant le débit d'air** à sa sortie par **calage variable** des aubes du stator. L'angle d'attaque des aubes s'adapte aux conditions de fonctionnement pour laisser passer plus ou moins le flux d'air. Ainsi, un **débit d'air constant et optimal** traverse le compresseur HP, ce qui évite les risques de pompages.

Les principaux régimes moteurs

Les **différents régimes moteurs** auxquels est soumis le turboréacteur :

- **MTO/GA** (Max Take-off/Go Around) : Régime de décollage.
- **MCT** (Max Continous) : Régime maximal en continu (Cas de panne d'un des moteurs).
- **MCL** (Max Climb) : Régime maximal en continu en phase de montée (Pas de panne moteur).
- **Croisière** : Régime intermédiaire de vol.
- **Idle** : Régime moteur ralenti (Au sol et en vol).
- **Reverse Idle** : Régime ralenti en mode "reverse" (Atterrissage avec inverseurs de poussée).
- **Max reverse** : Régime moteur maximal en mode "reverse" (Atterrissage avec inverseurs de poussée).

L'opérabilité

Le moteur doit pouvoir assurer **différents scénarios** en terme d'opérabilité :
- Pouvoir **s'allumer au sol**.

- Pouvoir **s'éteindre et se rallumer en vol**.
- Assurer une **combustion stable**.

Le démarreur

Le rôle

Un turboréacteur ne peut fonctionner que lorsqu'il a atteint une **vitesse de rotation suffisante** au niveau de l'arbre de liaison compresseur/turbine. Si l'arbre tourne à un régime trop bas, le moteur va caler (de la même façon que pour les moteurs thermiques).

Le turboréacteur est donc équipé d'un **démarreur électrique** ou **pneumatique**. On utilise généralement un moteur électrique sur les petits turboréacteurs et sur les turbopropulseurs. Et un démarreur pneumatique sur la majorité des gros turboréacteurs, un démarreur électrique serait trop gros à installer.

Le principe de fonctionnement

Le démarreur **accélère la turbine HP**, en faisant tourner la partie mobile (rotor HP). Le démarreur agit donc sur le **paramètre N2**, vitesse de la partie mobile HP. Pour cela, le démarreur pneumatique **diffuse de l'air comprimé fournie par l'APU** (Auxiliary Power Unit), ce qui simule la sortie de gaz sous pression et met en rotation l'ensemble du corps HP. Le **compresseur tourne et aspire de l'air** jusqu'à obtenir un flux stable. Le **moteur accélère** jusqu'au régime ralenti. Le système de régulation ajuste alors le **débit de carburant** à injecter dans la chambre. Le **dispositif d'allumage allume le mélange air/carburant** pendant la phase de démarrage au sol. Le moteur est **démarré**. L'APU et le démarreur sont **déconnectés**. A noter que le système de démarrage nécessite une **vanne de démarrage**, la **SAV** (Starter Air Valve), qui est pilotée par l'ECU et assure la circulation de l'air pressurisé. L'APU est aussi utilisé comme générateur électrique de secours en cas de besoin.

Les paliers

Le rôle

Les **arbres de liaison** compresseur-turbine tournent à très **grandes vitesses**. Ils supportent **quelques tonnes d'efforts** à leurs extrémités. Malgré tout, ils doivent rester strictement **rectilignes**, et parfaitement **calés** dans l'axe moteur. La **tenue mécanique** de ces arbres est donc essentielle. Pour les supporter et les guider, on installe des **paliers** le long des arbres et aux extrémités.

Le principe de fonctionnement

Selon la technologie utilisée, le **nombre de paliers varie** (3 paliers pour un simple corps, 4 ou 5 pour un double corps).

Les paliers sont équipés de **roulements à billes** ou à **rouleaux** et sont **maintenues par des structures fixes** (les "bras") du carter moteur. Les roulements à billes verrouillent les **efforts axiaux** et les **efforts radiaux**, tandis que les roulements à rouleaux sont utilisés pour **supporter les paliers** et **limiter les jeux**.

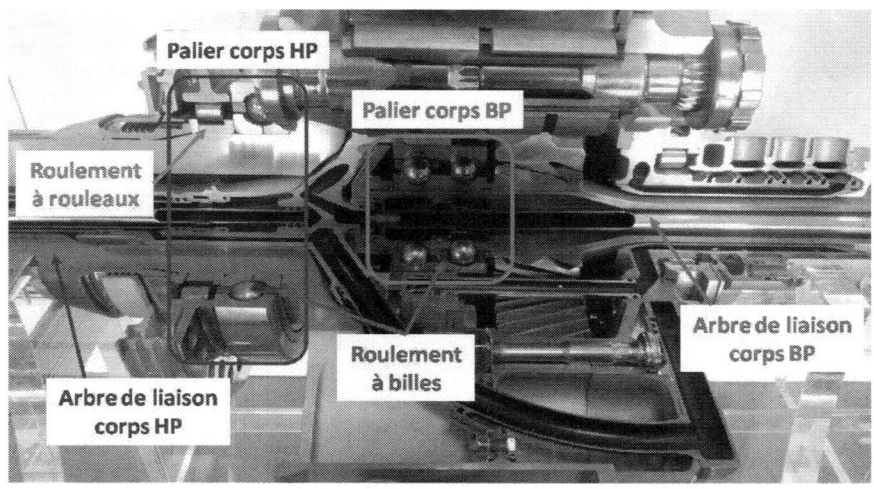

Vue interne sur un palier : roulements à billes et à rouleaux

Pour éviter des déplacements en avant ou en arrière des ensembles mobiles, un **palier est monté en amont**. Les déplacements sont ainsi contrôlés dans des **enceintes pressurisées** munies de **pistons solidaires** aux arbres. Ils exercent l'effort nécessaire pour **contrôler les déplacements** pendant le vol.

La lubrification des paliers

Pour assurer le **meilleur rendement** possible du moteur et une **consommation moindre en carburant**, les paliers doivent produire le **minimum de perte de charges par frottement** et par **jeux**. Il faut donc les **lubrifier** en faisant circuler un film d'huile pour le graissage.

Des **chambres de lubrification** permettent de contenir l'huile qui y reste confinée en raison des différences de pression avec le compresseur qui est en surpression.

Palier et chambre de lubrification

L'huile est injectée au niveau des paliers par une **pompe de lubrification**. Cette pompe est **installée sur l'AGB** et est entrainée, comme la pompe à carburant, par la rotation de l'arbre de liaison. L'huile, mélangée à l'air, est ensuite récupérée par gravité puis par une **pompe de récupération** et est acheminée jusqu'à un **séparateur huile-air** (appelé aussi **"déshuileur"**). Elle est ensuite **refroidie** par le carburant, puis **ramenée vers le réservoir**, tandis que **l'air est évacué vers l'extérieur**. L'huile est régulièrement **renouvelée** pour compenser d'éventuelles fuites.

Les huiles utilisées sont généralement **synthétiques** car elles ont une **meilleure durée de vie** et s'utilisent sur une **plage de température plus large**.

L'huile a **d'autres fonctions** dans le bon fonctionnement du turboréacteur : la **récupération** et **l'évacuation** des calories, le **refroidissement** du système mécanique, ou encore le **filtrage**. Un turboréacteur consomme ainsi environ 30 cl d'huile pour 1000 km.

Le système de lubrification est alimenté par le réservoir d'huile

En cas de **refroidissement insuffisant**, la température de l'huile s'élève et celle-ci est en partie carbonisée. On voit apparaitre en **dépôt une couche de graisse noircie**. C'est le phénomène de **"cokéfaction"**.

Les circuits de refroidissement

Le rôle

Les systèmes mécaniques des turboréacteurs sont très sollicités mécaniquement et **thermiquement**. L'amélioration des performances et du rendement impliquent une **augmentation de la température de combustion**. En plus de bien choisir les matériaux, il faut **refroidir les pièces** du moteur qui sont particulièrement sollicitées : la chambre de combustion, les aubes des turbines HP et BP, les paliers et le relai d'accessoires.

Le principe du refroidissement

Le refroidissement des parties chaudes du moteur repose sur un **prélèvement de l'air** provenant des compresseurs BP et HP. **L'air du compresseur BP** refroidit les **cavités du moteur**, mais aussi les **paliers**. **L'air du compresseur HP**, prélevé en sortie ou sur un étage particulier, va plutôt refroidir les **distributeurs** et les **aubes** des turbines.

Le refroidissement d'un turboréacteur de gamme intermédiaire consomme environ **2500 L d'air par heure**. Il est important de **chasser les fuites d'air** sous pression, car elles provoquent une perte d'énergie qu'il faut compenser. Ceci au prix d'une **augmentation de la consommation en carburant**, et au **risque de détériorer le moteur**.

Le prélèvement d'air

Le rôle

Le flux d'air entrant dans le turboréacteur n'est pas intégralement utilisé pour fournir de la poussée. En plus des prélèvements d'air pour refroidir le moteur, d'autres prélèvements servent à la **pressurisation** et à la **climatisation** de la **cabine passager**, du **poste de pilotage**, de la **soute à bagages** ou encore des **réservoirs**. Ils permettent aussi le **dégivrage de l'appareil** (notamment l'entrée d'air du moteur et les voilures) ou encore d'alimenter les **VBV** (Variable Bleed Valve). Ces **vannes de décharge** sont utilisées en cas de surpression pour réguler le compresseur et **éviter le phénomène de pompage**. Ainsi, environ 20% du débit d'air passant par le flux primaire est prélevé pour assurer ces fonctions.

Système VBV pour éviter le pompage dans le compresseur

Le principe du refroidissement

Le système de prélèvement d'air permet de **récupérer de l'air sous pression depuis certains étages du compresseur HP**. Il régule ensuite sa pression et sa température avant de le livrer au système de distribution de l'avion.

**Circuits de prélèvement
d'air pour refroidissement**

*Système de prélèvement d'air du compresseur HP
pour refroidir la turbine HP*

Il faut **réduire au maximum les fuites d'air** pour optimiser les **performances**, la **durée de vie** des pièces et éviter de **contaminer le circuit d'air** de la cabine. Il faut donc surveiller l'état des joints.

Les boitiers d'accessoires

Le rôle

Le **relai d'accessoires**, appelé aussi **"AGB"** (Accessory Gear Box), accueille et **assure le fonctionnement des accessoires** tels que les générateurs électriques, la pompe à carburant, la pompe de lubrification, la pompe hydraulique. Ce dispositif a la forme d'une **"banane"**, d'où son surnom.

L'AGB, relai d'accessoires dit aussi la "banane"

Le principe de fonctionnement

L'AGB est constitué par des **engrenages** qui sont entrainés en rotation par un **prélèvement mécanique** sur l'arbre de liaison au niveau du compresseur. Un **renvoi d'angle** (jeu d'engrenages coniques) depuis cet arbre en rotation **transmet un mouvement rotatif vers les engrenages**. Ainsi, un petit pourcentage de la puissance mécanique du moteur est **prélevé** pour assurer le fonctionnement de ces servitudes.

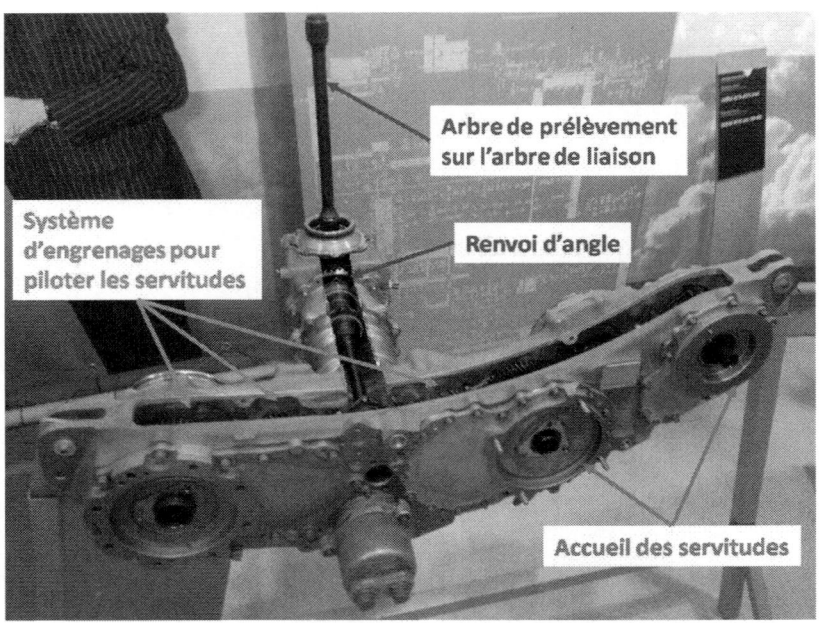

Description du relai d'accessoires

Le relai d'accessoires est souvent monté à proximité de la soufflante et **s'intègre au carter**. On peut les trouver aussi au niveau du compresseur HP. Il est logé **dans une enceinte** pour permettre sa **lubrification**.

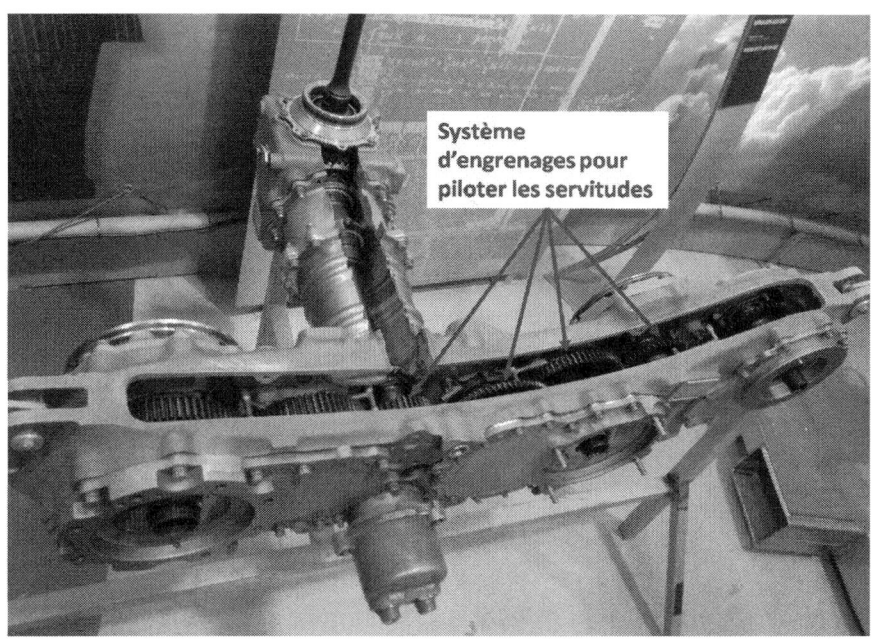

L'AGB est un système d'engrenages qui pilotent les équipements

5.

Les

turbopropulseurs

Principe de fonctionnement

Le terme **"turbopropulseur"** vient de l'association des termes anglais **"turbo"** (pour turbine) et **"propeller"** (pour hélice). Le turbopropulseur est donc constitué d'une **turbine à gaz**, auquelle on ajoute une **turbine de puissance** à un ou plusieurs étages. Son rôle est de transformer **l'énergie cinétique** et **thermique** des gaz sortant de la chambre de combustion en **énergie mécanique**, ce qui entraine la **rotation de l'hélice** par l'intermédiaire d'un **réducteur**.

Le turbopropulseur Tyne qui équipe le Transall

L'énergie thermique qui n'est pas récupérée pour fournir la puissance mécanique à l'hélice constitue une **poussée supplémentaire par éjection des gaz** (comme pour un turboréacteur).

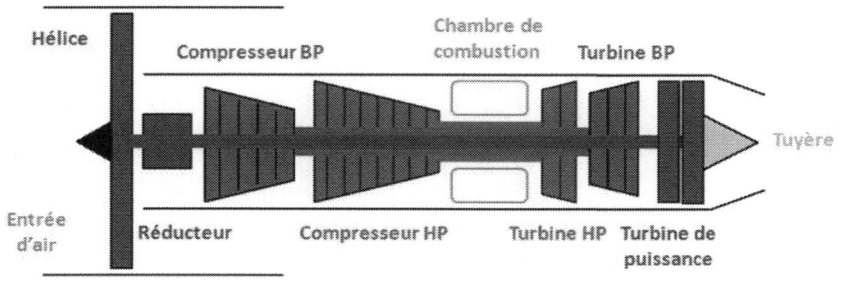

Description schématique d'un turbopropulseur

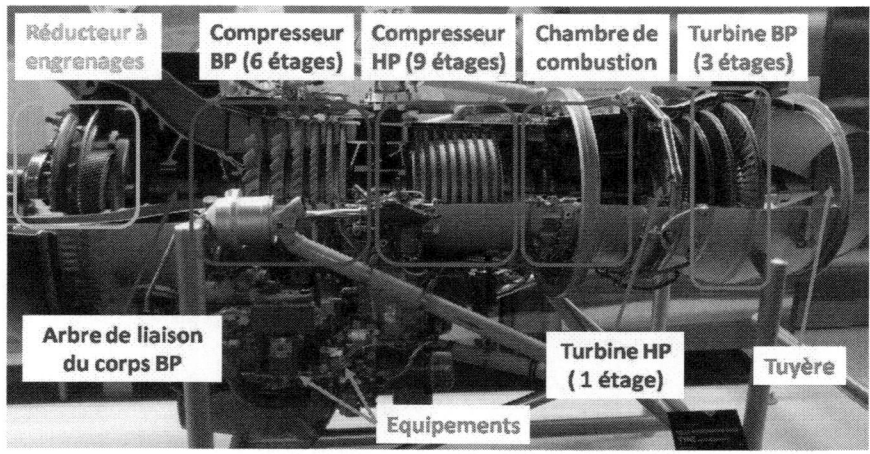

Description des composants d'un turbopropulseur

Le **fonctionnement du turbopropulseur** est relativement proche de celui du turboréacteur, à quelques différences près.

Le **flux d'air** pénètre par **l'entrée d'air**, une ouverture à l'avant du turbopropulseur. Elle mène vers un **conduit** qui récupère ce flux et le met **sous pression**. La forme de ce conduit permet de répartir l'air de façon **homogène** vers l'entrée du compresseur. Par sa conception, cette ouverture s'efforce de **minimiser la trainée**.

Le flux passe ensuite par les **compresseurs** qui mettent l'air **sous haute pression** et fournissent le **débit optimal** qui sera chauffée dans la chambre de combustion. Les compresseurs des turbopropulseurs fonctionnent exactement de la même façon que ceux des turboréacteurs. Les **disques mobiles** tournent et les aubes **aspirent le flux** en le déviant et en l'accélérant, tandis que les **disques fixes redressent ce flux** au niveau des aubes et mettent **l'air sous pression**. Et ainsi de suite à chaque étage du compresseur. Les **prélèvements d'air** sont effectués au niveau des compresseurs (BP et HP) pour assurer le **refroidissement** des parties chaudes, la **pressurisation** de l'appareil et le **fonctionnement des servitudes** (pompes à huile, pompe à carburant...).

La chambre de combustion assure la **combustion du mélange air/carburant** en convertissant **l'énergie chimique** du carburant en **énergie calorifique**. Le **débit de carburant** injecté est fonction de la quantité d'air qui pénètre dans la chambre. Le mélange **s'enflamme**, ce qui provoque une augmentation de **chaleur** et une forte **dilatation du gaz**.

En sortie de chambre, la chaleur est récupérée par les **ailettes des turbines** en rotation. Elles transforment **l'énergie calorifique** en **énergie mécanique** pour entrainer la rotation des compresseurs par l'intermédiaire de **l'axe de liaison**. Une **turbine de puissance** est également entrainée en rotation, et transmet sa **puissance mécanique** à **l'hélice**, installée à l'avant du turbopropulseur. L'hélice en rotation fournit **l'essentiel de la force de traction** exercée par le moteur. Un **réducteur de puissance** diminue la vitesse de rotation provenant de la turbine de puissance pour permettre le fonctionnement de l'hélice **sans onde de choc** en bout de pales. **L'énergie thermique résiduelle**, non captée par la turbine, est évacuée vers la tuyère.

La **tuyère**, de **section convergente**, convertit la puissance thermique résiduelle des gaz chauds en **vitesse**, pour fournir une **poussée supplémentaire** qui complète la traction exercée par l'hélice.

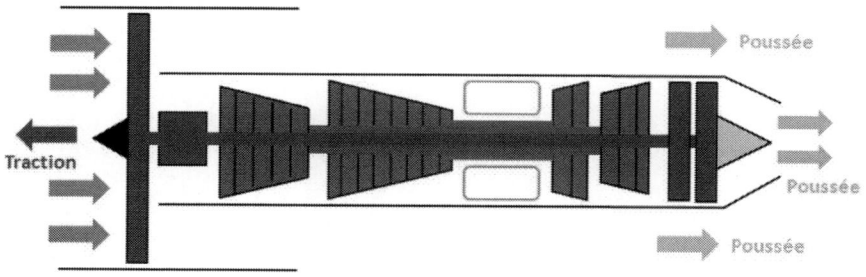

Description du fonctionnement d'un turbopropulseur

Les composants spécifiques des turbopropulseurs

L'entrée d'air

Sur les turbopropulseurs, l'entrée d'air se situe généralement derrière l'hélice. Il existe **plusieurs types d'entrées d'air** qui sont toujours **protégées contre le givrage** :

Les entrées d'air axiales

L'entrée d'air axiale est peu utilisée par les turbopropulseurs. Nous rencontrons cette technologie lorsque **l'hélice se trouve à l'arrière** de la turbomachine.

Entrée d'air axiale sur Piaggio 180

Les entrées d'air axisymétriques

La plupart des turbopropulseurs ont leur hélice installée à l'avant. Le flux d'air contourne l'hélice et rentre par les

entrées d'air sur les côtés.

Entrée d'air axisymétrique sur Fokker 27

Les entrées d'air en écope

L'entrée d'air est **décalée**, en principe vers le bas, et se présente **sous la forme d'une écope**. Le souffle de l'hélice au dessus facilite l'entrée du flux d'air dans l'écope.

Vues sur l'entrée d'air en écope du TP400-D6

L'hélice et le réducteur

Lorsque les hélices d'un turbopropulseur tournent à une **vitesse trop élevée**, la vitesse en bout de pales **dépasse le mur du son**. Elles subissent des **"ondes de choc"**. Ce phénomène est dangereux pour le moteur, et **l'efficacité des pales diminue** fortement. C'est pourquoi on **limite la vitesse de croisière** des turbopropulseurs (leurs vitesses sont comprises entre 400 km/h et 700 km/h).

Risques d'ondes de choc en bout de pales

Pour **réduire la vitesse de rotation de l'hélice**, on installe un **réducteur** entre la turbine de puissance et l'axe de l'hélice. Il **convertit** une vitesse de rotation très élevée de l'axe de turbine en une **vitesse de rotation plus faible pour l'axe de l'hélice**. Ce qui évite l'apparition d'ondes de choc. La vitesse de rotation de l'hélice est réduite de 10 à 20 par rapport à la vitesse de l'arbre de liaison. En revanche, le **couple** (force de rotation de l'ensemble) **augmente**.

Système d'engrenages du réducteur d'un turbopropulseur

Réducteur du moteur TP400-D6

Par ailleurs, le turbopropulseur est monté avec une **hélice à calage variable** (dite "constant speed"). Pour une vitesse de rotation constante de l'hélice, **l'angle de calage des pales est modifié en fonction des régimes moteurs**. Le turbopropulseur délivre alors **plus ou moins de couple** par l'intermédiaire de l'hélice, et produit donc **plus ou moins de traction**. Ce mécanisme joue sur **l'admission en carburant** pour la combustion.

Ainsi, pour un **régime moteur élevé**, le moteur consomme **plus de carburant**. Le couple délivré par l'hélice est plus important et le **calage des pales est modifié** pour fournir **davantage de traction**. La vitesse de rotation de l'hélice n'a en revanche pas changé.

La propulsion fournie par l'hélice représente environ **90% de la propulsion totale**. Le flux d'air chaud sortant à l'arrière par la tuyère produit donc un complément en poussée assez résiduel.

La chambre de combustion

Les chambres de combustion de la majorité des turbopropulseurs sont **inversées**. Cette solution permet de minimiser l'encombrement du moteur.

Les turbines

La turbine d'un turbopropulseur récupère presque toute l'énergie thermique sortant de la chambre de combustion. Elle **entraine l'arbre de transmission** vers le compresseur, les accessoires et l'hélice. Nous pouvons rencontrer **trois types de turbines** : la **turbine liée**, la **turbine libre** et la **turbine libre inversée**.

Turbine liée

La **puissance mécanique** de la turbine liée est **transmise par le même arbre** au compresseur et à l'hélice par l'intermédiaire d'un réducteur. **La rotation de l'hélice est ainsi liée** à la rotation du compresseur et de la turbine.

Cette technologie est **simple** et relativement **légère**. Cependant, le débit du **flux d'air entrant** dans la chambre de combustion est **difficile à maitriser** et le pilotage de l'hélice peu précis.

Turbine libre

Le turbopropulseur à turbine libre se compose de **trois parties** :

- Une partie **turbine à gaz** avec les étages des compresseurs et des turbines.

- Un partie **turbine de puissance** qui entraine l'axe de liaison vers l'hélice et le réducteur.

- Un partie **réducteur** positionnée entre l'axe de la turbine de puissance et l'arbre de l'hélice.

L'axe reliant la turbine de puissance au réducteur passe **à l'intérieur** de l'axe de liaison reliant les compresseurs et turbine BP.

L'intérêt de ce dispositif est de **réguler l'entrée d'air** dans le compresseur et la chambre de combustion **indépendamment de la rotation de l'hélice**. Cette turbine n'étant pas liée au compresseur, elle est appelée **turbine libre**.

Turbine libre inversée

Le turbopropulseur à turbine libre inversée présente la particularité d'avoir **l'axe de sortie de turbine à l'avant**, ce qui permet de **réduire la longueur de l'arbre** de l'hélice.

Avantages/inconvénients des turbopropulseurs

Les turbopropulseurs présentent un certain nombre d'avantages. Le **rendement de propulsion** est plus intéressant jusqu'à la vitesse de 700 km/h. C'est la technologie qui **consomme le moins** sur de faibles distances (moins de 1000 km). Elle présente aussi une plus grande **robustesse**.

Cependant, des inconvénients restreignent son utilisation. La **vitesse limite d'utilisation** est d'environ de 750 km/h (200 m/s). Au delà, l'avion subit des **ondes de choc** dangereuses pour l'avion. A plus de 800 km/h, l'effet des ondes de choc réduit l'efficacité du turbopropulseur de 50%. Par ailleurs, les hélices provoquent des **nuisances sonores** et des **vibrations** plus importantes que sur le turboréacteur. Enfin, le pilotage avec calage variable de l'hélice est **complexe à maitriser**.

Si la vitesse n'est pas un critère important, le turbopropulseur propose donc un meilleur rendement qu'un turboréacteur. Le choix d'utiliser une turbine pour entrainer l'hélice plutôt qu'un vilebrequin et des pistons vient du fait que les turbopropulseurs sont **beaucoup plus légers et puissants**, et offre un **bien meilleur rendement**.

6.

Les statoréacteurs

Le principe de fonctionnement

Le statoréacteur est **la forme la plus simple** que peut prendre un moteur d'avion. Il est constitué par un **grand tube ouvert à ces deux extrémités** dans lequel on va **injecter du carburant** qui va se mélanger à l'air. Le principe de fonctionnement est assez similaire à celui des turboréacteurs, puisqu'il passe par les mêmes phases de **compression**, de **combustion** et de **détente**.

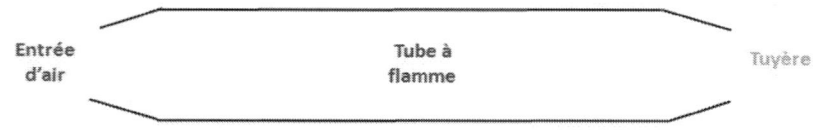

Description d'un statoréacteur : tube ouvert à flamme

La principale différence avec le turboréacteur est que **le statoréacteur ne possède ni compresseurs ni turbines**. La phase de compression se déroule uniquement au niveau du manche d'entrée d'air, et nécessite que le statoréacteur soit déjà en mouvement. Ce propulseur **a besoin d'une vitesse d'avancement minimum** (au moins 200 km/h) **pour fonctionner**.

L'air arrive ensuite dans le **"tube" chambre de combustion** à une pression et à une température élevées. Le tube est doté **d'injecteurs** qui pulvérisent du **carburant** pour assurer et entretenir la **combustion**. En sortie, la forme convergente de la **tuyère** génère de la **poussée** lors de la détente des gaz brûlés **en sortie de tube**. L'énergie thermique est convertie en énergie cinétique. Comme **il n'y a pas de turbine à faire fonctionner**, toute l'énergie thermique produite est utilisée pour produire la **poussée**.

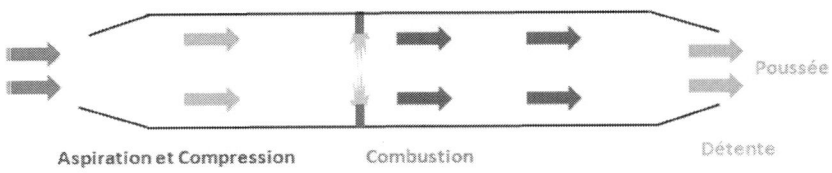

Principe de fonctionnement d'un statoréacteur

Le statoréacteur est **très peu utilisé** bien que cette technologie soit **très performante**. C'est en effet un statoréacteur qui propulsait le Scramjet X-43A de la NASA, avion sans pilote détenant le **record du monde de vitesse pour un avion**. Il fut établi le 16 novembre 2004 en atteignant Mach 9 (11000 km/h), c'est à dire en volant 4 fois plus vite que le Concorde.

Des **solutions mixtes turbo-stato** sont à l'étude afin de couvrir de très larges domaines de vol, du décollage jusqu'à plus de trois fois la vitesse du son. La principale difficulté, à grande vitesse, est de **stabiliser la combustion** et de trouver des **matériaux tenant à très hautes températures**

Exemple de statoréacteur

Avantages/inconvénients des statoréacteurs

Le principal intérêt du statoréacteur est qu'il présente un **excellent rendement à vitesse très élevée** (notamment entre Mach 3 et Mach 6). Il peut atteindre un rendement thermopropulsif de 50 %. Plus il va vite, plus les gaz sont comprimés à l'entrée, et plus il pousse et plus il va vite etc...

L'inconvénient majeur est qu'il faut **l'amener au préalable à une vitesse importante** pour qu'il fonctionne puisqu'il **ne peut pas démarrer tout seul**. Très efficace à grande vitesse, il cependant **consomme beaucoup de carburants** et il est particulièrement **bruyant**. L'efficacité d'un statoréacteur dépend aussi grandement des **formes intérieures du tube**.

Le **super statoréacteur** ou statoréacteur à combustion supersonique, aussi appelé de manière abrégée **superstato** (ou **scramjet** pour supersonic combustion ramjet en anglais), est une évolution du statoréacteur qui peut atteindre des vitesses de fonctionnement **supérieures à Mach 6**. La combustion s'effectue à des vitesses supersoniques (d'où son nom). Son fonctionnement à plus large échelle est limité, pour les mêmes raisons que le statoréacteur.

7.

La nacelle

Les fonctions de la nacelle

La "nacelle" est le **carénage** entourant le moteur de l'avion. On utilise du coup le terme **"ensemble propulsif"** pour désigner le moteur montée dans sa nacelle. On parle aussi de **"powerplant"** en anglais.

Le turboréacteur CFM56 installé dans sa nacelle

La nacelle assure **plusieurs fonctions essentielles** au bon fonctionnement du moteur qu'elle équipe :

- Une **fonction aérodynamique**. La qualité de sa conception optimise la circulation des flux d'air et assure des performances aérodynamiques optimales.

- Une **fonction de protection du moteur**. Le moteur et les équipements embarqués sont protégés par les capots de la nacelle pour éviter toutes détériorations par l'environnement.

- Une **fonction de freinage de l'avion**. Les inverseurs de poussée assurent l'essentiel du freinage de l'avion lors de l'atterrissage.

- Une **fonction de résistance au choc**. La structure rigide de la nacelle permet de résister aux chocs et ainsi de protéger le moteur.

- Une **fonction de traitement acoustique**. Les capots de la nacelle sont équipés de panneaux acoustiques pour limiter les nuisances sonores dues au fonctionnement du moteur.

- Une **fonction d'accessibilité**. Les équipements sont accessibles aux opérateurs pour des opérations de maintenance. La nacelle s'ouvre donc facilement.

- Une **fonction d'alimentation**. L'avion est alimenté, notamment en air pressurisé et en électricité, par le biais de la nacelle (qui aspire une partie de l'air du flux secondaire).

La nacelle est conçue et produite par un **nacelliste** ou par **l'avionneur**, et non par le motoriste.

Les composants spécifiques de la nacelle

Entrée d'air

Les entrées d'air sont aussi appelées les **"manches d'entrées d'air"**. Elles captent l'air pour amener un **flux régulier**, à **pression homogène** et à **vitesse constante**, vers la soufflante. Elles préparent ainsi au mieux **la première compression**.

Au décollage, la pression diminue car la vitesse augmente. En effet, physiquement, toute augmentation de vitesse se traduit par une dépression. Ce qui nécessite parfois **l'ouverture de trappes latérales d'alimentation** pour capter un **flux d'air entrant supplémentaire**.

Les entrées d'air sont **différentes entre les avions subsoniques et les avions supersoniques** à cause du phénomène d'onde de choc à l'approche de la vitesse du son.

Sur les **avions subsoniques**, le manche d'entrée d'air se présente comme un **conduit simple**. Il **accélère** le flux d'air à l'entrée lors d'un vol à vitesse faible, mais il le **ralentit** lors d'un vol à grande vitesse. Ce qui évite d'envoyer trop d'air vers le compresseur, à l'origine du phénomène de **pompage**.

Sur les **avions supersoniques**, le manche d'entrée d'air a une

forme complexe. Il **ralentit fortement** l'air aspiré, ce qui **augmente très en amont la pression** du flux, avant même la première phase de compression.

Ces entrées d'air sont **dégivrées** par de l'air chaud, provenant généralement du compresseur HP, ce qui évite la formation et l'ingestion de glace. Une **vanne contrôle le flux d'air chaud** dirigé à l'entrée d'air pour assurer cette fonction anti-givrage. Elle est pilotée depuis la cabine de pilotage.

Les **parois intérieures** de la manche d'entrée d'air sont revêtues de **panneaux acoustiques** utilisés comme atténuateur de bruit pour la soufflante.

Les entrées d'air sont également munies de dispositifs de protections telles que des **filtres** ou des **grilles de protection**.

Vue sur le manche d'entrée d'air du CFM56

Capots

Les capots de la nacelle ont **plusieurs fonctions** :

- Ils **protègent le moteur** de l'environnement extérieur.
- Ils **assurent la rigidité de l'ensemble propulsif**.
- Ils **optimisent l'écoulement du flux secondaire**.
- Ils ont un rôle **d'isolant phonique** (panneaux acoustiques).
- Ils **assurent les opérations de contrôle et de maintenance**.

Les capots sont pour cela équipés de nombreux accès, tels que des **trous** ou des **portes**. Les **équipements** sont donc accessibles pour les opérateurs lors des interventions. Les **portes du capot** sont fixées au moteur par la partie haute et s'ouvrent comme un coffre de voiture. L'opérateur accède ainsi aux équipements tels que par exemple la vanne de démarrage ou le réservoir d'huile.

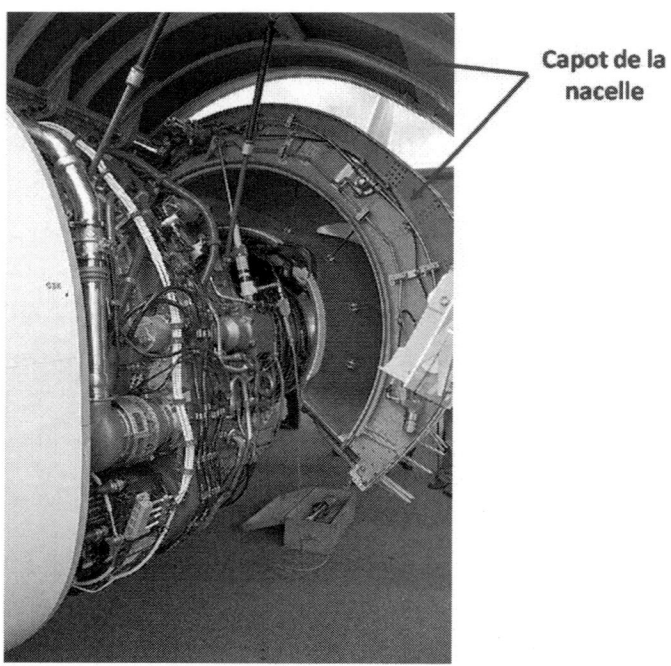

Capot de la nacelle

Ouverture des capots de la nacelle sur un turboréacteur

Le mât

Le mât (en anglais **"pylon"**) permet de **solidariser le moteur à l'avion**. **L'ensemble propulsif** est en effet **fixé à l'avion** sous l'aile (cas de la majorité des avions de lignes) ou directement au fuselage (cas des avions d'affaire principalement). Le **pylon** assure donc la **liaison** entre l'ensemble propulsif et l'avion. La nacelle possède pour cela **des attaches** (généralement une attache avant et une attache arrière) qui sont **fixées au pylon**. Toute la **poussée produite** par le réacteur est transmise à l'avion par ces attaches.

Le pylon a pour fonction de solidariser le moteur à l'avion

Les **connexions** électriques, hydrauliques et pneumatiques **entre l'ensemble propulsif et l'avion** s'effectuent au niveau du pylon. Celui-ci assure donc le bon **cheminement vers la cellule de l'avion** des fonctions assurées au niveau du moteur, notamment **l'acheminement d'air pressurisé** prélevée dans la nacelle.

Des connexions électriques, hydrauliques et pneumatiques
traversent le pylon pour relier le moteur à l'avion

Le pylon est muni d'un **dispositif de protection anti-feu** pour protéger le moteur. Ce système permet de **prévenir**, **détecter**, et **éteindre les feux** dans l'ensemble propulsif. Des **détecteurs incendies** sont notamment installés au niveau des **parties chaudes**. Si le système détecte un départ de feu, l'information est transmise à la cabine de pilotage par le **FDU** (Fire Detection Unit). Les **extincteurs** se déclenchent alors pour éteindre le feu. Ils sont alimentés par **bonbonnes** spéciales.

*Le pylon d'un avion d'affaire peut solidariser
le moteur au fuselage directement, et non à l'aile*

Inverseurs de poussée

Les inverseurs de poussée (en anglais **"reverses"**) sont **utilisés à l'atterrissage pour freiner l'avion** et donc diminuer la distance de freinage. Pour cela, les inverseurs **dévient vers l'avant une partie de la poussée** du turboréacteur pour **diriger la réaction vers l'arrière**.

Les inverseurs de poussée sont **intégrés aux parois de la tuyère**. Lorsqu'ils sont activés, ils obstruent l'éjection des gaz vers l'arrière et **redirigent le flux vers l'avant**. Des **ouvertures, orientées vers l'avant**, s'ouvrent à l'atterrissage pour évacuer ce flux. La **contre-poussée** ainsi générée vient s'ajouter au freinage des roues de l'avion.

C'est **l'ECU** qui pilote les inverseurs par l'intermédiaire d'un **système hydraulique**. Ce système est alimenté par une **pompe hydraulique**, et se compose d'une vanne d'arrêt **SOV** (Shut-Off Valve) et de l'unité de contrôle hydraulique **HCU** (Hydraulique Control Unit). **L'ECU** et le **HCU** communique entre eux pour **contrôler le flux hydraulique** à faire passer pour **piloter les inverseurs**.

Sur les **turboréacteurs**, on distingue **trois technologies d'inverseurs** pour réorienter les flux vers l'avant :

- Les **inverseurs à obstacles**.
- Les **inverseurs à portes pivotantes**.
- les **inverseurs à grilles**.

Un **verrou mécanique** empêche le fonctionnement de ce dispositif **si l'avion n'est pas au sol** et **si les réacteurs ne sont pas au ralenti** (régime moteur "idle"). Par ailleurs, lors d'un **atterrissage sur une piste longue**, les pilotes n'utilisent généralement que les inverseurs de poussée, pour **éviter d'user les freins des roues**.

Sur les **turbopropulseurs**, le principe des "reverses" existe aussi mais consiste à **inverser le pas des pales de l'hélice**. **L'hélice refoule l'air vers l'avant**, et non plus vers l'arrière, dans le but de le freiner.

Inverseurs à obstacle

Ce type d'inverseur est utilisé principalement sur les turboréacteurs à **double flux mélangés** et **installés à l'arrière du fuselage**. En effet, de tels inverseurs posent des **problèmes de températures** dus aux jets déviés en direction des gouvernes. Son intérêt est **d'agir sur les deux flux** (primaire et secondaire), et non uniquement sur le flux secondaire, ce qui **améliore l'efficacité du freinage**.

Exemple d'inverseurs de poussée à obstacles en position ouverte

Le fonctionnement de ces inverseurs s'appuie sur **deux vérins**, avec un vérin installé de chaque côté du moteur. Ces vérins font **basculer les deux portes**, ce qui **bloque la tuyère**. Le flux d'air est alors dévié vers l'extérieur en sortant par ces deux portes. Le concorde était par exemple équipé d'inverseurs à obstacles.

Inverseurs à portes

Ce type d'inverseur est notamment utilisé sur des turboréacteurs à **taux de dilution élevé**, car **il n'agit que sur le flux secondaire**. De **conception simple**, il peut s'adapter à tout type de réacteur. La technologie à porte en fait un système **plus léger** que les autres systèmes d'inverseurs. On peut distinguer des inverseurs à **2 portes** ou à **4 portes**.

Exemple d'inverseurs de poussée à 4 portes en position ouverte

Le fonctionnement repose sur des **portes pivotantes**. En **position ouverte**, les portes **bloquent le flux secondaire** qui est **dirigé vers l'avant**. Lorsque les inverseurs ne sont pas utilisés et sont en **position fermée**, les portes se confondent avec le reste de la nacelle et le **flux secondaire s'écoule normalement** vers la tuyère d'éjection.

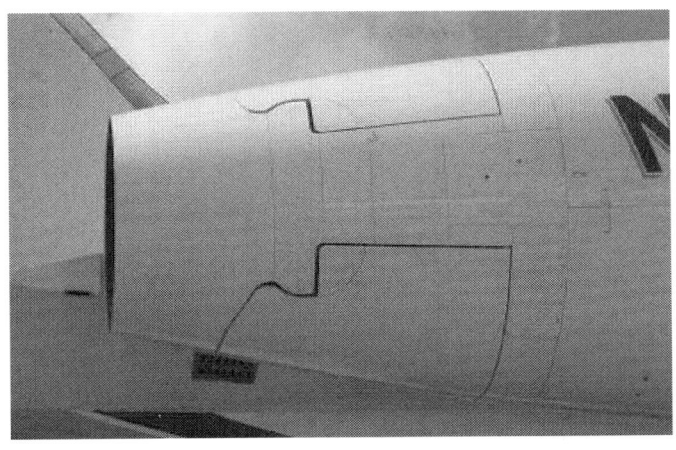

Exemple d'inverseurs de poussée à 2 portes en position fermée

Inverseurs à grille

L'inverseur à grille est le système le plus **classique** et le plus **éprouvé** parmi les technologies d'inverseurs de poussée. Il peut **agir simultanément sur les flux primaire et secondaire**, ou **sur le flux secondaire uniquement**, selon les besoins.

Exemple d'un inverseur à grille

L'inverseur à grille fonctionne à l'aide d'un **capot mobile** qui coulisse le long de rails lors de la phase d'ouverture. Il permet ainsi de découvrir les **grilles de déviation** disposées dans la nacelle. En parallèle, des **panneaux qui bloquent la sortie du flux d'air vers la tuyère**. Le flux est **dévié** et **éjecté** à travers les **grilles**, ce qui inverse la poussée.

Vue d'une grille d'inverseur

Le moteur CF650 était par exemple muni d'inverseurs à grilles sur les deux flux.

La tuyère d'éjection

Le **système d'éjection** se situe à l'arrière de la turbine BP, et se fixe derrière le **TRF** (Turbine Rear Frame). Il se compose essentiellement du **"primary nozzle"** (dit aussi **"plug"**) et du **"centerbody"**. Ces deux éléments guident l'éjection des différents flux d'air à la sortie du moteur.

Vue sur la partie arrière de la turbine, le TRF

- Le **primary nozzle** dirige et régule le **flux primaire** en sortie de tuyère. Ce flux **passe par l'intérieur** du primary nozzle. Fixé à la partie externe du TRF, le primary nozzle est constitué de peaux métalliques.

- Le **flux secondaire** passe **par l'extérieur du primary nozzle**, en passant dans l'enceinte de la partie nacelle.

- Le **centerbody** est accroché à la partie interne du TRF. La peau externe du centerbody **délimite** avec la peau interne du primary nozzle **la zone éjection du flux primaire**. L'intérieur du centerbody guide **l'évacuation** de **l'air de refroidissement**, des **huiles** usagées et des **résidus**.

Vue sur le centerbody et le primary nozzle de la tuyère

La tuyère possède également un **dispositif anti-retour de flamme** qui assure qu'un éventuel feu dans la tuyère ne remonte pas dans le moteur.

Sur les **moteurs subsoniques**, les tuyères ont des **sections d'éjection fixes**, de conception et forme simple.

Sur les **moteurs supersoniques**, elles ont souvent des **sections variables** et des formes beaucoup plus **complexes**.

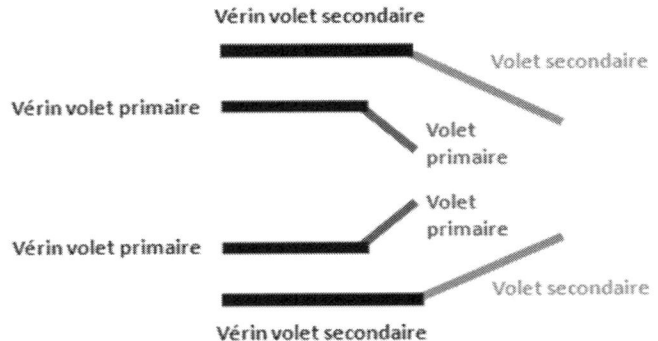

*Principe de fonctionnement des tuyères à section variable :
la section est modifiée par des vérins qui commandent
l'ouverture des volets primaires et secondaires*

Exemple de volets secondaires sur une tuyère à section variable

8.

La pollution

La pollution sonore

Définition du bruit

Le **bruit** se définit comme le son produit par une vibration et que l'ouïe peut percevoir. Il est transporté par une **onde sonore** et se mesure par **l'intensité sonore** (mesurée en décibel)

Le **bruit d'un turboréacteur** perçu à quelques mètres est par exemple de 130 dB. Le **seuil de douleur auditive** se situe généralement à 120 dB. A titre de comparaison, une discussion à voix basse ne dépasse pas les 25 dB.

Les sources de bruits

L'avion est à l'origine de **deux types bruits** : le bruit lié au **fonctionnement du moteur** et le bruit **aérodynamique** lié au vol de l'avion.

On distingue principalement **trois bruits venant du moteur** :

- Le **bruit de jet propulsif** lors de l'expulsion des gaz.
- Le **bruit des parties tournantes** (compresseurs, turbines...).
- Le **bruit de la combustion** des gaz dans la chambre.

Le **bruit aérodynamique** est quant à lui lié aux **turbulences** aérodynamiques sur les **parties extérieures** de l'avion lorsqu'elles sont en mouvement (volets, trains d'atterrissage).

Les méthodes de réduction de bruits

Les avions ne constituent pas la plus grande gêne acoustique. Ainsi, environ 40% de la population en Europe est exposée au trafic routier contre **10% exposée au bruit des avions**. Cependant, les bruits d'avions ont des **fréquences très basses**, qui se diffusent bien et traversent les murs.

Le bruit émis par les avions a déjà **baissé de 75% en 50 ans**. Depuis 50 ans, les zones avec un niveau de bruit supérieur à 85 dB ont ainsi été **divisées par 7**, alors que le trafic aérien a fortement augmenté. Les nouvelles **normes de construction** et les **taxes sur les nuisances sonores** payées par les compagnies aériennes y ont fortement contribué. Ainsi, **dans les années 1970**, le bruit perçu était de **100 EPNdB** (Effective Perceived Noise Decibel). **En 1990**, il n'était déjà plus que de **85 EPNdB**. L'échelle de mesure des décibels étant logarithmique, **une baisse de 10 EPNdB correspond à une division par deux du bruit ressenti**.

L'ACARE (Advisory Council for Aeronautics Research in Europe) pilote la recherche aéronautique en Europe et fixe pour **objectif** de **réduire de 50% le bruit des avions à l'horizon 2020 et de 65% pour 2050** (par rapport au bruit observé en 2000). C'est à dire **gagner encore 10 dB** dans la prochaine décennie.

La technologie double flux

La généralisation des turboréacteurs **double flux** permet de **réduire significativement les bruits** du moteur. Une grande partie de l'air (flux secondaire) reste à basse température sans passer par le compresseur. A l'éjection, ce flux entoure les gaz chauds (flux primaire) qui sortent à vitesse et température élevées. Le **flux d'air à basse température refroidit** en effet le gaz chaud et **ralentit la vitesse d'éjection**. Or c'est cette vitesse qui la principale responsable du bruit.

Les matériaux

Les recherches portent sur de **nouveaux matériaux** pour les **tuyères**. Actuellement, la tuyère est la partie d'où sortent les sons. L'idée est d'y installer des **panneaux acoustiques**, de façon **absorber les bruits** qui en sortent. Le principe de ces matériaux absorbeurs de bruits est un **empilage de nids d'abeilles** et de **tôles perforées** sur les parois de la tuyère et sur le reste de la nacelle.

La nacelle à chevrons

Le principe est d'équiper la nacelle avec des **bords à dents de scies**. Ces chevrons **cassent les tourbillons d'air en sortie** de tuyère, ce qui réduit notamment le bruit au décollage.

L'absorption acoustique

L'idée est **d'absorber le bruit** en créant une **onde de même**

structure (fréquence, amplitude) que le bruit mais **déphasée de 180**.

La pollution atmosphérique

Le rejet des gaz dans l'atmosphère

Le **carburant** utilisé par les turboréacteurs est le **kérosène**, un hydrocarbure de formule variable C_xH_y. Le **comburant** est **l'air ambiant**, mélangeant majoritairement du dioxygène (O_2) et du diazote (N_2).

La réaction chimique lors de la combustion provoque **l'émission de gaz polluants** :

- Les **oxydes d'azote** (NO_x), qui sont émis principalement pendant les **hauts régimes moteurs** (au décollage et en montée). Le **NO_2** est **nocif pour l'homme** et provoque des **pluies acides**. Par réaction chimique avec l'air, les oxydes d'azotes donnent aussi de **l'ozone** (O_3) et du **méthane** (CH_4). L'ozone est un **gaz nocif** et émis à basse altitude (au décollage). Le **méthane** est un **gaz à effet de serre** 20 fois plus puissant que le CO_2.

- La **vapeur d'eau** (H_2O) est un **autre puissant gaz à effet de serre**. Elle est également **responsable de l'effet Cirrus** (nuages de cristaux de glace résultant des gaz d'échappement et qui serait un responsable du réchauffement climatique).

- Le **dioxyde de carbone** (CO_2), le plus connu des **gaz à effet de serre**, même s'il est loin d'être le plus puissant.

- Les **monoxydes de carbone** (CO) et les **hydrocarbures** (C_xH_y), émis lorsque l'avion est en **régime ralenti** et au **sol**. Le monoxyde de carbone est **responsable d'intoxications**.

- Les **suies**, qui résultent d'une **combustion inachevée**. Ce sont des particules de carbones non brûlées qui sont réputées **cancérogènes**.

En post-combustion, les turboréacteurs génèrent beaucoup d'émissions

Les solutions envisagées

La **combustion idéale** ne produit que du **dioxyde de carbone** (CO_2) et de la **vapeur d'eau** (H_2O). Ce qui n'est dans les faits **jamais le cas**.

Le **monoxyde de carbone** (CO) résulte d'une **combustion**

incomplète en régime moteur faible. Pour limiter sa formation, il faut travailler à une meilleure qualité de combustion, et notamment sur un **mélange de carburant mieux adapté** pendant ces régimes moteurs. En effet, les conditions de combustion ne sont **pas toujours stœchiométriques**, avec un **excès d'oxygène** et la présence de vapeur d'eau. D'où une **combustion pauvre**.

Le cas des **oxydes d'azote** (NO_x) est plus complexe à résoudre. Ils apparaissent à des régimes moteurs élevés, pour des **pressions et températures élevées**. Ces conditions sont celles qui offrent le meilleur rendement, et économise le carburant. L'augmentation de pression et température dans ces moteurs est donc nécessaire. Pour empêcher l'émission des oxydes d'azote, il faut donc travailler sur un **meilleur mélange entre le carburant et l'air** avant la combustion, pour s'assurer qu'il y a suffisamment d'air pour éviter leur formation.

Notons que l'on ne récupère réellement qu'environ 35% de l'énergie calorifique du kérosène lors de la combustion, ce qui est un **rendement assez faible**.

Chaque année, le secteur du transport aérien consomme environ **250 millions de tonnes de kérosène**. Sachant qu'une tonne de kérosène dégage **3,8 tonnes de CO_2** dans l'atmosphère, le trafic aérien est donc responsable de **l'émission d'un milliard de tonnes de CO_2 par an** (sur 36 milliards de tonnes au total).

L'impact global de l'aviation sur l'environnement reste donc relativement faible. Le transport aérien contribue pour moins de 5% des émissions polluantes, et le CO_2 émis ne représente que 2,7% du CO_2 émis au niveau mondial. Les spécialistes estiment qu'une éruption volcanique majeure, comme il s'en produit tous les deux à trois ans, génère autant d'émissions que tous les avions en service pendant une année.

Au cours des 50 dernières années, les émissions ont déjà été réduites d'environ 50% grâces aux nouvelles technologies et à la baisse de la consommation des moteurs.

9.

Le cycle de vie d'un moteur

Les enjeux

La conception et la fabrication d'un moteur d'avion est une tâche extrêmement complexe. Les **motoristes** doivent répondre à des **spécifications contractuelles** émises par leurs clients, des avionneurs tels que Airbus, Boeing ou Dassault, mais aussi s'assurer de la conformité des moteurs vis à vis des réglementations.

Le motoriste doit ainsi garantir que le moteur est :

- **<u>Fiable</u>**. Le moteur doit fonctionner avec un **taux de panne inférieur à 10^{-9}** pendant des dizaines de milliers d'heures, sans passer en révision. Il doit donc parfaitement supporter des **contraintes mécaniques et thermiques** extrêmement élevées.

- **<u>Opérationnel</u>**. Le moteur doit supporter des **conditions extrêmes** comme de grandes amplitudes de **températures**, de **pressions** et de **vitesses**. Les avions civils doivent être opérationnels **jusqu'à 10 000 m d'altitude**, et les avions militaires jusqu'à 20 000 m. Les pressions ambiantes et les températures y sont beaucoup plus faibles. Le moteur doit également pouvoir fonctionner **dans des pays chauds**, à plus de 40°C, et avec du sable dans l'environnement. Mais aussi **dans des pays froids**, par -40°C.

- **Efficace**. Le moteur doit supporter la charge embarquée (marchandises et passagers) et couvrir le rayon d'action demandé. Le motoriste doit donc sans cesse **améliorer ses technologies et son rendement**. Et ainsi faire des choix entre poussée, poids, et consommation.

- **Economique**. Le moteur doit être **rentable** pour la compagnie aérienne, l'avionneur et le motoriste. Il faut donc **minimiser les coûts de production et d'exploitation** (consommation, maintenance...).

- **Protecteur pour l'environnement**. Le moteur doit émettre le **moins de gaz polluants** possible et provoquer un **minimum de nuisances sonores** à proximité des aéroports.

Le cycle d'un moteur

La vie d'un moteur d'avion s'étale sur plus de **60 ans**. Il se situe donc sur des **cycles industriels très longs**, ce qui influe sur les **accords de coopération** et le **support client** qui doivent couvrir cette durée.

La vie d'un moteur commence par une phase d'**"Avant-projet"**. Des équipes d'ingénieurs, spécialistes de l'innovation chez le motoriste, vont plancher pendant 5 à 10 ans sur les **nouvelles technologies** de moteurs qui pourront équiper les avions de demain. Lorsqu'un concept est retenu par un avionneur, un **contrat** est signé, permettant de lancer officiellement un **nouveau programme**.

Le motoriste passe alors en phase de **conception détaillée** à partir des maquettes d'avant-projet. Les pièces moteurs arrivent ensuite au stade de la **fabrication**, puis de **l'intégration** et du **montage**. Cette phase dure environ 4 ans et débouche sur un **premier moteur de développement** qui sera testé aux bancs d'essais. On parle de **FETT** (First Engine To Test). D'autres moteurs de développement, **instrumentés**, suivent pour effectuer les **essais**. Un moteur équipe également l'avion à motoriser pour un **premier essai en vol**. Il s'agit du **FTB** (Flying Test Bed).

Les **essais aux bancs** sont suivis par les **organismes de certification**. Lorsque le moteur respecte les exigences réglementaires, le motoriste reçoit la **certification**, qui représente **l'autorisation d'entrée en service**. L'obtention de la certification nécessite environ 3 ans. A son tour, l'avion doit obtenir la certification pour entrer en service avec son nouveau moteur. Certification qui demande encore un an.

Après l'entrée en service de l'avion, le motoriste **produit ses moteurs en série** et les **livre à l'avionneur** qui effectue le montage final sur les cellules de l'appareil. La production d'un moteur peut s'étaler sur **40 à 50 ans**. Ce qui n'empêche pas le motoriste de continuer à introduire des **améliorations** (notamment pour la consommation) et de sortir **plusieurs versions du moteur**.

Pendant la **période d'exploitation** des moteurs, qui peut durer 40 ans ou plus, le motoriste intervient auprès des clients (les compagnies aériennes) en tant que **support client**. Il doit également assurer le **maintien de la certification** en vérifiant que le moteur respecte toujours les réglementations.

La **fin de vie du moteur** se fait en plusieurs étapes. Tout d'abord, **le motoriste cesse la production**, généralement pour se consacrer à la production de nouvelles générations. Ensuite, **il met fin au support client**, ce qui incite les compagnies aériennes et les avionneurs à passer sur de nouveaux moteurs. Enfin, la dernière étape est le **retrait définitif des derniers moteurs** encore en service.

Découpage modulaire du moteur

Un turboréacteur se décompose toujours en **3 ou 4 parties** que l'on appelle des **"modules"**. Ils sont chacun conçus par des bureaux d'études ou des sociétés d'ingénierie spécialisées.

Ces modules se décomposent de la façon suivante :

- **Module 1** : soufflante et compresseur BP (partie froide).
- **Module 2** : compresseur HP, chambre et turbine HP (partie chaude).
- **Module 3** : Turbine BP etcarter d'échappement (partie froide).

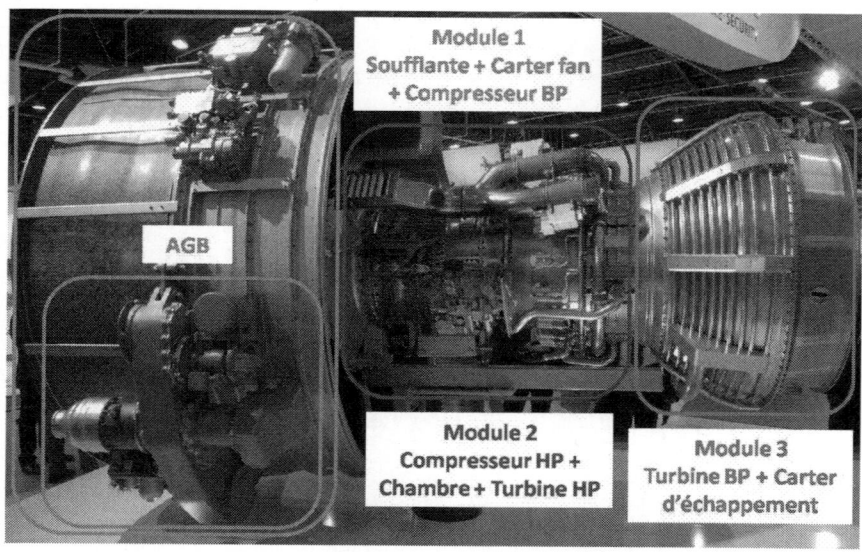

Décomposition du moteur LEAP de CFM par module

Un **schéma de responsabilité** est attribué pour chaque module lorsque le moteur est développé en partenariat. Le moteur LEAP de CFM est le résultat d'un partenariat entre General Electric et Snecma avec la répartition suivante :

- Module 1: Snecma
- Module 2: General Electric
- Module 3: Snecma

Chaque **module** est lui même composé de **sous-modules** indépendants et démontables. Le module 2 est ainsi constitué d'une partie compresseur HP, d'une partir chambre de combustion, d'une partie turbine HP…

*Sur le LEAP, Snecma prend en charge
les deux parties froides et GE la partie chaude*

La conception

La conception mécanique des pièces du turboréacteur fait appel aux outils de **Conception Assistée par Ordinateur (CAO)**, de **calculs des structures** ou de **simulation** des comportements mécaniques. Ils aident le concepteur à optimiser et à valider **très en amont** la conception, avant de démarrer la fabrication. Ces outils de conception numérique permettent ainsi de **sélectionner les matériaux** et de valider s'ils peuvent supporter les **contraintes de l'environnement**.

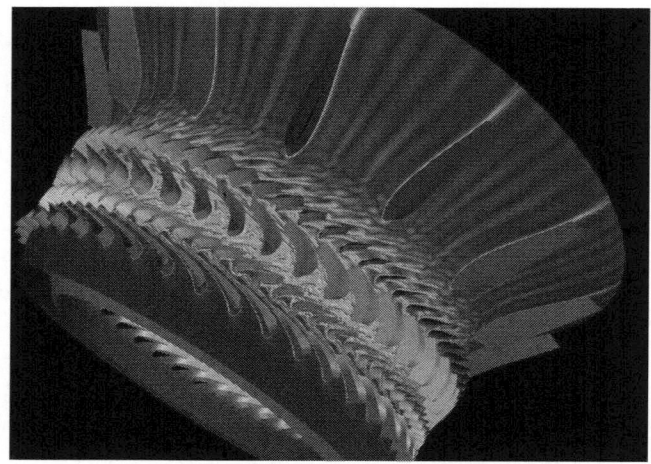

Exemple de simulation numérique sur une pièce mécanique (image de la NASA)

Les **sollicitations** qu'il faut prendre en compte sont en effet nombreuses : contraintes en **traction**, en **compression**, **températures** extrêmes, **vibrations**, **durée de vie** ou encore **fatigue**.

Les pièces mécaniques subissent de **très fortes contraintes** (notamment en température) lors de certaines phases du vol comme le décollage plein gaz. Cela entraine des phénomènes de **fatigue** qui peuvent conduire à la **rupture des pièces**. Ainsi, les avions court-courriers **enchainent les cycles** plus rapidement et endommagent certaines pièces beaucoup plus qu'un long-courrier. Le nombre élevé de cycles peut conduire à la rupture avant la durée de vie prévue en heures de vol. C'est ce qu'on appelle la fatigue **oligocyclique**. La fatigue vient aussi de la **durée de sollicitation** du moteur. On parle dans ce cas de **fluage**.

Le moteur est également soumis à des **contraintes externes**. Les aubes de la soufflante doivent par exemple résister au **risque d'ingestion d'oiseaux** de grandes tailles, pour endommager le moins possible les parties internes du moteur.

Les pièces doivent par ailleurs être conçues avec une très grande précision pour **minimiser le poids de l'ensemble**. Il faut utiliser un **minimum de matière**, tout en garantissant la tenue mécanique des pièces.

Il faut aussi tenir en compte, dès la phase de conception, de la **faisabilité** de la solution sur le plan de la **fabrication** et du **montage**. Et s'assurer que les opérations de **maintenance** seront bien réalisables.

Un moteur est un assemblage complexe de pièces mécaniques, de canalisations, d'équipements et de câbles. Il faut donc anticiper les problèmes de montage ou de maintenance dès la conception

Le choix des matériaux

Les pièces du moteur nécessitent une **résistance mécanique très élevée** et une **tenue à haute température**, tout en **minimisant la masse** et en **maximisant la poussée**. Le **choix des matériaux** est déterminant et le fruit d'un compromis.

Pour les **parties froides**, on choisit des matériaux comme les **alliages de titane**, les **alliages d'aluminium** ou les **composites à matrice organiques** (CMO) dont les fibres (en carbone) sont très résistantes et permettent de gagner en légèreté. Des pièces telles que les aubes de soufflante ou le carter de rétention utilisent par exemple les CMO.

Dans les **parties plus chaudes**, on privilégie les **alliages de titane** et les **alliages d'acier**. Il est aussi possible d'utiliser des matériaux composites munis de **fibres en carbure de silicium** associées à une **matrice en alliage de titane**, de façon à combiner bonne résistance mécanique et légèreté.

Dans les **parties très chaudes**, on utilise des **alliages de nickel** et des **alliages de cobalt**. De nouveaux matériaux apparaissent comme les **matériaux composites à matrice céramique** (CMC). Des **fibres de carbure de silicium**, très résistantes, sont alors associées à une **matrice elle-même en carbure de silicium**. On les trouve notamment pour les chambres de combustion. La **métallurgie des poudres**, est également utilisée pour des pièces exigeant une tenue à haute température, telles que les disques de turbines.

Les **aubes de turbines HP**, en sortie immédiate de la chambre de combustion, subissent des températures pouvant atteindre plus de **1200°C**. Ces températures sont **trop élevées pour des matériaux métalliques**. Du coup, la solution est d'utiliser des systèmes de refroidissement avec de **l'air qui circule à l'intérieur des aubes**. Les **circuits** sont creusés dans les aubes et l'air prélevé du compresseur HP à "seulement" 500°C assure leur refroidissement. La paroi des aubes, au niveau des bords d'attaque, est aussi munie d'une **barrière thermique**.

Quelques ordres de grandeur sur les **matériaux** entrant dans la **composition des cellules d'avions et des turboréacteurs** :

Cellule des avions :
- 50% de composites.
- 20% d'aluminium.
- 15% de titane.
- 10% d'acier.
- 5% autres

Turboréacteur :
- 45% d'alliage nickel.
- 25% d'alliage titane.
- 15% d'acier.
- 6% de cobalt.
- 5% de composites.
- 4% d'aluminium.

La fabrication

Pour procéder à la fabrication, des **descriptifs de montage** (documents décrivant la procédure de montage) sont créés par les bureaux d'études et sont revus par les bureaux des méthodes qui définissent des **"gammes de fabrication"**. A noter que la fabrication d'un turboréacteur exige une **précision** de l'ordre du 100ème de millimètre sur la plupart des pièces.

Forge et fonderie

Pour certaines pièces, la fabrication commence par la forge ou par la fonderie. Les **forges** vont **marteler des "bruts"** d'alliages de fer, de nickel ou de titane pour **donner la forme approximative des pièces** telles que les aubes de soufflante ou les disques de compresseurs. Une alternative est d'utiliser des **poudres**, comme sur des disques d'aubages en alliage de nickel.

La **fonderie** permet de réaliser les aubes de turbines et les carters. Les aubes de turbines sont destinées à supporter des températures extrêmes. Elles font donc l'objet d'un traitement particulier par **"solidification dirigée"**. Le principe est **d'éliminer les "joints"** (liant) des grains de la matière (sur les alliages de nickel notamment) car la tenue à haute température de cette structure cristalline est insuffisante. Par ce procédé, on obtient une **structure monocristalline** qui **résiste à très haute température**.

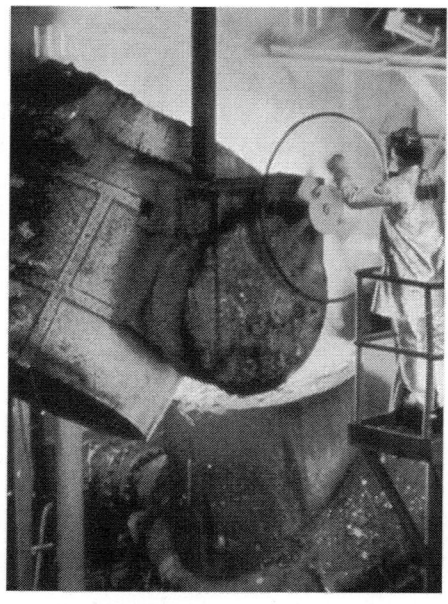

Les carters et aubes de turbine sont réalisés par fonderie

Usinage, soudage, brasage, formage...

Pour finaliser les pièces aux bonnes dimensions, il faut procéder par **usinage**. Il existe plusieurs méthodes : avec des **outils classiques** ou des **outils laser**. Le plus souvent, les industriels utilisent des **machines à commande numérique**. Le montage des pièces entre elles est ensuite finalisé par **soudage** (assemblage permanent au niveau atomique), **brasage** (pas de fusion des bords comme le soudage) ou **montage** (vis et boulons).

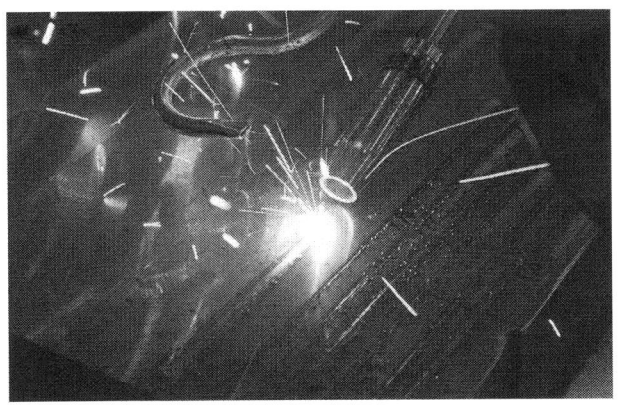

Certaines pièces sont assemblées par soudage

Les aubes de soufflantes sont finalisées par **formage** (mise en forme) des tôles d'alliages de titane ou de fer. Les aubes et disques des compresseurs sont réalisés en un seul tenant, par un **usinage tridimensionnel** (usinage en 3 dimensions).

L'usinage est assuré par une machine à commande numérique

Les pièces réalisées en matériaux composites peuvent être des

CMO (Composite à matrice organique), des **CMC** (Composite à matrice céramique) ou des **CMM** (Composite à matrice métallique).

- Pour les **CMO**, on injecte une **matrice organique** (résine) **sur les fibres**. L'ensemble est durci à chaud.

- Pour les **CMC, la résine est remplacée par des dépôts de céramiques** à chaud.

- Pour les **CMM**, la **matrice métallique se dépose à chaud**.

En fin de fabrication, certaines pièces extrêmement sollicitées en température sont **traitées thermiquement** (traitement surfacique) pour améliorer leur tenue mécanique.

Très récemment, les **machines à impression 3D** font leur apparition dans les ateliers de fabrication des motoristes. Ce procédé de fabrication fait appel à une **fabrication additive** (on ajoute de la matière pour obtenir la forme exacte de la pièce), par opposition à **l'usinage traditionnel** (on retire de la matière pour obtenir la forme). Les premiers résultats sont prometteurs, mais nécessite de revoir en profondeur les procédés de fabrication.

*La nouvelle génération de machine commence à maitriser
la fabrication additive au travers de l'impression 3D*

Qualité

Le **contrôle qualité** est essentiel tout au long du processus de fabrication. Il faut contrôler la pièce, aussi bien ses **dimensions**, sa **qualité** et sa **matière**. Il est indispensable de détecter les défauts tels que des **microfissures** ou des **anomalies** dans la structure. Les techniques de contrôle qualité sont désormais **automatisées**. Elles font appel à des **techniques d'optiques, d'électroniques** ou **d'acoustiques**.

Le contrôle qualité sur des **pièces "série"** de turboréacteur signifie que l'on va vérifier **quelques milliers d'exemplaires au maximum**, contre des centaines de milliers dans l'automobile. Par contre, ces pièces auront une **durée de vie beaucoup plus longue**, et seront **beaucoup plus sollicitées**.

Montage

Un turboréacteur est découpé en modules, eux-mêmes découpés en sous-modules. Les composants du turboréacteur sont donc **assemblées par modules montables** (soufflante, compresseur BP, Turbine BP, compresseur HP...). Ces modules sont ensuite montés entre eux à **l'assemblage final**.

Les **équipements** (calculateurs, pompes, vannes...) sont fournis par des sous-traitants spécialisés. Pour certains, ils sont livrés séparément chez l'avionneur qui les installent et effectuent les derniers branchements avant la mise en route du moteur.

Turboréacteur transporté en vue du montage final

La certification

Les organismes de certification

- **EASA** (Agence Européenne de sécurité aérienne). Agence de la communauté européenne **en charge de la sécurité aérienne pour l'aviation civile**. L'EASA s'occupe au niveau européen de la **certification des moteurs** (et des avions).

- **FAA** (Federal Aviation Administration). Agence gouvernementale chargée de la **réglementation** et des **contrôles** concernant **l'aviation civile** aux Etats-Unis. C'est, avec l'EASA, l'une des deux principales agences mondiales qui est **habilitée à certifier les moteurs** (ainsi que les avions, les équipements et les formations des pilotes).

- **IAC AR** (Interstate Aviation Committee Avia Register). Comité Intergouvernemental d'Aviation, qui est **l'autorité en charge de l'aviation civile en Russie**, mais aussi pour les anciennes régions de l'union soviétique, devenues indépendantes en 1991 (Biélorussie, Ukraine, Kazakhstan...). Cette organisation s'occupe également des **investigations lors des accidents d'avions** dans la zone.

- **CAAC** (Civil Aviation Administration of China). Agence chinoise de **l'aviation civile**, en charge de **la certification des moteurs** et appareils aéronautiques.

- **DGA** (Direction Général de l'armement) : Direction du **ministère français de la défense** qui existe depuis 1977 (anciennement Direction ministérielle de l'armement). Elle représente l'Etat français dans **l'achat** et **l'autorisation de mise en service** des avions militaires.

- **DGAC** (Direction Générale de l'Aviation Civile) : La direction générale de l'Aviation civile est l'administration **rattachée au ministère des transports** en charge du **contrôle aérien**, et de la **qualification des aéronefs civils volant sur le territoire français**. Cependant, les avions commerciaux sont désormais certifiés directement au niveau **européen** (EASA) ou **américain** (FAA). C'est plus particulièrement la **DSAC** (Direction de la Sécurité de l'Aviation Civile) qui se charge de la **qualification**. Elle s'appuie sur les dispositions de la procédure **JAR 21** et délivre un **certificat de type** ou une QAC (Qualification aviation civile).

- **OTAN** (Organisation du Traité de l'Atlantique Nord) : L'organisation politique et militaire occidentale délivre sa propre **certification pour le matériel miliaire**, notamment les avions qui participent à des opérations sous son commandement.

Les jalons de la certification

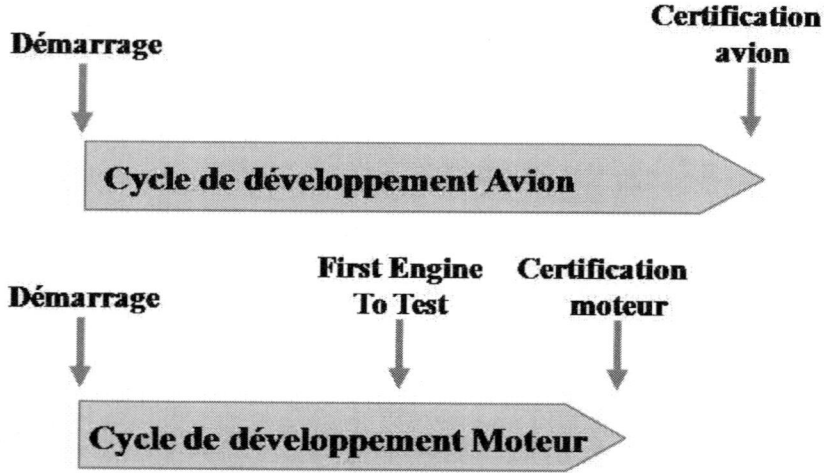

La certification moteur est une étape dans la certification avion

L'objectif de la certification est de démontrer que le moteur remplit les conditions de **qualité** et de **sécurité** exigées par la **réglementation** pour **l'entrée en service** (ou **EIS**, en anglais "Entry Into Service"). Une autorisation administrative d'entrée en service du moteur est délivrée à la fin de la certification. C'est ce qu'on appelle le **certificat de type**. L'enjeu est ensuite le **maintien de la certification**, qui doit être assurée sur 40 ans ou plus. Après la certification du moteur, c'est ensuite l'avion qui obtient une certification d'entrée en service.

Il faut compter **3 à 4 ans** pour certifier un turboréacteur. Pendant cette période se déroule l'ensemble des **essais** et des **contrôles** en vue de la certification par les organismes. Couvrir l'ensemble de la certification nécessite environ **5000 h**

d'essais.

En théorie, si un moteur n'est certifié que par l'EASA, il ne peut voler qu'en **Europe**. Et inversement, un moteur certifié par la FAA ne peut voler qu'au **Etats-Unis**. Dans la pratique, il existe des **coopérations** et des **équivalences** entre les organismes de certification. Par exemple, l'EASA et la FAA collaborent pour accorder le **certificat de type**. L'obtention du certificat de type par l'EASA permet d'obtenir plus rapidement l'équivalent FAA. Et vice-versa.

Certains **avions militaires**, par exemple l'A400M, sont destinés au transport de troupes, mais peuvent aussi remplir des missions humanitaires, et donc transporter des **civils**. C'est pourquoi cet avion a obtenu **deux certificats de type**. Un auprès de la DGA (militaire) et un auprès de l'EASA (civil).

Le motoriste s'engage aussi contractuellement avec l'avionneur sur certaines garanties de **qualité** et de **performance** du moteur. Les principaux engagements du motoriste concernent la **poussée** et la **consommation spécifique**.

Le motoriste doit ainsi répondre à une **double exigence** :
- **Satisfaire la réglementation** auprès des organismes. C'est l'objet de la certification.
- **Satisfaire les engagements contractuels** auprès des avionneurs. C'est aussi l'objet des essais, en parallèle des essais de certification.

Les essais

Avant sa mise en service, un moteur fait l'objet de nombreux essais, que ce soit des **essais au banc** (sur un point fixe), ou des **essais en vol** (monté sur des avions d'essais).

Essais au banc dans une salle d'essais

En vue de la **certification**, les motoristes réalisent des **essais moteurs**. Ils permettent de **valider la conception**, de **lever les risques** identifiés, et de **s'assurer du respect des exigences de certifications**.

A chaque essai correspond un **moteur de développement** ou un **moteur de certification** spécifique. On parle aussi de **moteurs instrumentés** car ce sont des moteurs équipés d'instruments de mesure (des capteurs) dédiés à l'essai à réaliser.

L'instrumentation installée sur les pièces du moteur testé se compose principalement **d'accéléromètres** (qui mesurent l'accélération des pièces mobiles), de **jauges d'efforts** (qui mesurent les forces), de **capteurs de pression** (qui mesurent des variations de pression), de **capteurs de déplacements** (qui mesurent les déplacements des pièces) ou de **thermocouples** (qui mesurent les températures). Les ingénieurs et techniciens des bancs d'essais suivent et enregistrent les mesures fournies par ces capteurs. Certains accéléromètres restent aussi après les essais et sont utilisés au cours de l'exploitation du moteur pour sa **surveillance** (en anglais "monitoring") par les équipes de maintenance.

Le moteur à tester est monté sur le banc

Une fois instrumenté, le moteur est installé au **banc d'essai**. Lors des essais, le turboréacteur est équipé de sa **nacelle** de façon à tester son **étanchéité** avec le moteur.

Par la suite, lorsque **le moteur est produit en série**, chaque exemplaire est testé au banc afin de vérifier que les performances sont **conformes au moteur qui a été certifié**.

Banc d'essais à l'air libre pour les moteurs

Principaux essais moteurs pour la certification :

- Endurance (usure sur 4 à 5 ans, notamment pour les pièces tournantes).
- Ingestion d'oiseaux.
- Ingestion de glace.
- Ingestion d'eau à basse température (test de givrage).

- Ingestion de sable.
- Perte d'aubes de soufflante.
- Charges ultimes (sans train d'atterrissage).
- Vibratoire.
- Charges statiques.
- Charges dynamiques.
- Durée de vie des parties tournantes.
- Opérabilité (comportement en régimes moteurs transitoire).
- Ventilations internes.
- Absence de feu pendant 15 secondes en cas de rupture d'aube fan.
- Tenue thermique (dépassement de la température EGT en turbine pendant plusieurs minutes par exemple).
- Pollution sonore et émissive.

Le **test d'ingestion d'oiseaux** est particulièrement important. L'ingestion d'oies du canada par les turboréacteurs fut par exemple à l'origine de la panne et de l'amerrissage du vol US Airways dans **l'Hudson River** en janvier 2009. Le cas des oies du canada, dont la taille et le poids augmentent ces dernières années, démontre la nécessité **d'effectuer des essais d'ingestion de plus en plus poussé**. Le cas des étourneaux, non en raison de leur taille ou de leur poids, mais de leur **grand nombre**, est également surveillé.

Le problème d'ingestion d'oiseaux à l'origine
de l'accident de l'Hudson River en 2009

Les essais de **rupture d'une aube fan** doivent assurer que celle-ci est bien **projetée vers l'arrière** pour ne pas risquer d'endommager une aile ou le fuselage de l'avion.

Avant d'obtenir la certification, il faut compter **5000 h d'essais au banc**, et **2000 h d'essais en vol**.

Après production du moteur, l'avionneur procède à un **essai de réception** pour vérifier que la tenue mécanique et les performances correspondent à celles vendues par le motoriste.

L'intégration du moteur à l'avion

Les moteurs sont installés sur l'avion de façon à produire un **maximum de poussée**, tout en **perturbant le moins possible la portance** des ailes. Les **fixations** du moteur à l'avion doivent être parfaitement fiables et doivent réduire au maximum la propagation des **vibrations** et du **bruit** dans les cabines.

Optimiser l'installation du moteur sur l'avion est essentiel pour **maximiser la poussée**. C'est pourquoi elle fait l'objet d'étude et de calculs chez avionneur. Sur un **avion de transport civil** subsonique, les turboréacteurs sont généralement installés sous les ailes ou à l'arrière du fuselage.

Sur un **avion militaire**, particulièrement un avion **supersonique**, les moteurs sont souvent noyés dans la structure pour minimiser les traînées dues aux ondes de choc. Leurs **diamètres extérieurs** sont donc **très inférieurs** à ceux des moteurs civils à double flux et haut taux de dilution. Ce qui **facilite l'installation sur avion** et permet d'être **très intégrés** à la cellule de l'avion.

Moteur intégré à l'arrière de l'avion (l'avion est en transparence)

La maintenance

L'objectif de la maintenance est de **prévenir les incidents** et **d'assurer une longue durée de vie** au moteur.

On distingue **plusieurs types de maintenance** :

- **Maintenance "Hard Time"**. L'ensemble des actions de maintenance **planifiées à intervalle régulier**. Elles suivent les **préconisations** du constructeur.

- **Maintenance "On Condition"**. Les actions de maintenance exigées **suite à une inspection périodique**.

- **Maintenance "Condition Monitoring"**. Les inspections pratiquées **suite au suivi des capteurs**.

A titre de comparaison, quelques ordres de grandeurs sur la **fréquence de maintenance** de différents moteurs :

- Avion civil : 20 000 h (une maintenance tous les 10 ans).
- Avion de combat : 3 000 h.
- Autocar : 1000 h (ou 100 000 km).
- Voiture : 300 h (ou 30 000 km).

Pour aider les techniciens de maintenance, des **capteurs** sont installés sur le moteur pour **surveiller certains paramètres**. On parle de **"Trend monitoring"**, qui est le suivi et l'enregistrement de paramètres. Sont notamment suivis la **température en sortie de turbine HP** (température EGT), la **pression d'huile dans le circuit moteur**, le **niveau des vibrations**. Un traitement du signal permet de **diagnostiquer des anomalies** et d'identifier les opérations de maintenance à prévoir.

Avec le trend monitoring, l'ECU **enregistre les données en vol**, ce qui permet au motoriste et à la compagnie aérienne de **suivre la maintenance** et de **sortir des rapports de pannes**. Il est aussi possible de **lancer des alertes en vol** prévenant d'un besoin **d'intervention au sol à l'arrivée de l'avion** pour une opération de contrôle ou de maintenance (par exemple la panne d'un capteur). Le suivi au sol du comportement moteur par la compagnie aérienne fait appel à des **ingénieurs au sol** ("Field support engineers"). Ces anticipations évitent d'avoir à remplacer une pièce importante (par exemple une turbine) faute d'avoir détecté la panne à temps.

En vue de la maintenance, se pose le problème de **l'accessibilité** de certaines parties du moteur. C'est typiquement le cas de la chambre de combustion, qui nécessiterait normalement un démontage complet du moteur. Pour inspecter ces parties inaccessibles, on utilise un **endoscope**. C'est une **méthode d'exploration par imagerie**, souvent utilisée dans le domaine médical. On l'utilise aussi dans l'industrie pour **visualiser l'intérieur de structures** inaccessibles. C'est le seul outil capable de détecter des **fissures** ou des **détériorations** dans les parties internes du moteur sans faire une dépose complète. L'endoscope se compose d'une **fine sonde**. Des **trous d'endoscopie** existent à chaque étage des parties tournantes pour permettre une inspection. Il peut ensuite être décidé une **dépose complète** du moteur si des parties internes sont endommagées.

Lorsqu'on atteint la **durée de vie** prévisionnelle d'une pièce, celle-ci est déposée et changée, quelquesoit son état. La durée de vie des pièces est d'environ **20 000 cycles** (il faut compter 1 cycle par vol). Les motoristes essaient de converger vers une durée de vie très proche entre chaque pièce pour ne faire qu'un **minimum de déposes** (en changeant ainsi un maximum de pièces à chaque dépose).

Inspection de l'entrée d'air d'un turboréacteur à l'arrêt

Un accord contractuel entre l'avionneur et le motoriste prévoit **une période de garantie** pour le moteur et ses pièces. Celle-ci est **généralement entre 5000 h et 10 000 h** de vol.

Lorsqu'un moteur n'est pas utilisé, il faut le **protéger**. Il est notamment nécessaire d'ajouter des **additifs** car les huiles sont corrosives ou encore **d'inhiber le circuit carburant**. Des **procédures** existent aussi en cas de réutilisation du moteur après un arrêt prolongé (nettoyage, test de performances...). De la même façon, le **transport d'un turboréacteur** suit des règles strictes pour ne pas l'endommager. Il est fixé sur un **bâti**, le camion doit être muni de **suspensions pneumatiques** et les pièces en kits (dont l'ECU) sont **démontées**.

*Lorsqu'il n'est pas utilisé, le moteur doit
être protégé de l'environnement extérieur*

L'installation ou la **désinstallation** d'un turboréacteur de l'avion s'effectue à l'aide de **deux attaches** au niveau du pylon (une à l'avant et une à l'arrière) permettant de fixer le moteur. Au cours de cette opération, l'ensemble propulsif est monté sur un **chariot** (à roues) qui transporte le moteur.

Chez un avionneur, le **montage** et le **démontage** de l'ensemble propulsif sur l'avion est réalisé en **2h maximum**. **L'ensemble dépose et de repose** du moteur n'excède donc pas les **4h** généralement.

Cône de   Aubes de
pénétration   soufflante

Exemple de dépose moteur au niveau de la soufflante

Lorsqu'on approche un turboréacteur en marche, il faut respecter une **zone de sécurité minimum** dite **"Hazard"**, que ce soit **devant l'entrée d'air** ou **à l'arrière du moteur**. En effet, les risques sont nombreux. Le réacteur en fonctionnement dégage une **chaleur très élevée**. La **vitesse d'aspiration en entrée d'air** est également telle que le turboréacteur pourrait aspirer un individu s'approchant de trop près. Enfin, les **bruits très élevés** provoquent des risques de pertes permanentes ou temporaires d'audition. Les risques augmentent lorsque l'on se rapproche du moteur, qu'on reste longtemps à proximité, et que le moteur tourne vite.

Les équipes de maintenance s'appuient sur la **documentation du moteur** fournie par le constructeur. Celle-ci peut représenter jusqu'à **50 000 pages**. C'est pourquoi elle peut aussi être livrée sur **1 DVD**.

10.

La sécurité et les cas d'accidents

La sécurité

Durée de vie

Les moteurs d'avions battent tous les **records de durée de vie** par rapport aux autres moteurs.

Quelques **ordres de grandeurs** à titre de comparaison :

- **Avion civil : 20 000 000 km**
- Avion de combat : 10 000 000 km
- TGV : 12 000 000 km
- Bus : 900 000 km
- Voiture : 230 000 km

Pannes moteurs

Les **arrêts moteurs en vol** peuvent avoir plusieurs causes :

- Le **manque de carburant**, qui peut venir d'un **dysfonctionnement de la trappe d'arrivée en carburant**, empêchant celui-ci d'arriver à la chambre de combustion.

- Des **pompages trop importants** au niveau du compresseur.

- En cas de **vibrations particulièrement violentes**, le pilote peut aussi arrêter volontairement le moteur.

Un avion **continue de fonctionner** en cas d'arrêt d'un de ses réacteurs en plein vol. Dans le cas d'un **biréacteur**, il s'appuie sur **l'autre réacteur** toujours en fonctionnement. Il peut en théorie **continuer son vol** tant que ce deuxième moteur fonctionne. La réglementation impose d'ailleurs que l'avion puisse **décoller à pleine charge avec un seul moteur**. Mais en pratique, il sera **dérouté vers l'aéroport de secours** le plus proche de son plan de vol. La **trajectoire des vols** est ainsi réglementée de façon à se situer toujours à une **distance maximum d'un aéroport de secours**. Les vols n'empruntent donc pas forcément le chemin le plus court, mais celui assurant la sécurité en cas de panne moteur.

Le moteur et l'appareil sont **certifiés** par **l'ETOPS** (Extended-range Twin-engine Operation Performance Standards), qui est une organisation de **l'OACI** (Organisation de l'Aviation Civile Internationale). Des **certificats**, délivrés en fonction de la fiabilité de l'avion, indiquent la **durée maximum de déroutement autorisée** vers un aéroport de secours. Il existe ainsi les certificats ETOPS-90, ETOPS-120 et ETOPS-180. ETOPS-180 signifie donc qu'en cas de **panne sur un des deux réacteurs**, un avion à biréacteur doit pouvoir rejoindre l'aéroport de déroutement en **moins de 180 minutes**, c'est-à-dire moins de trois heures.

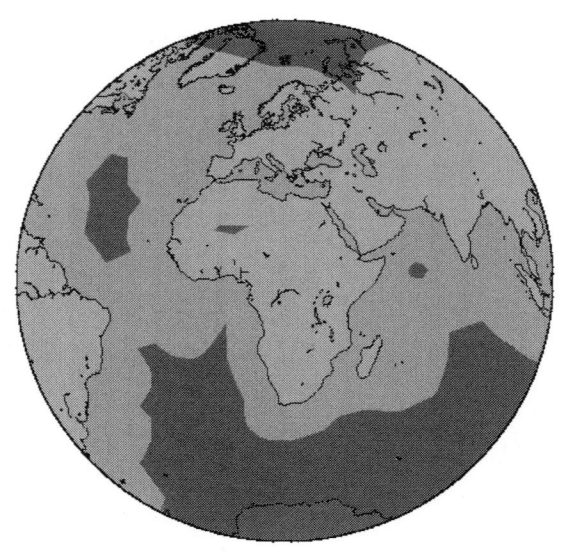

En bleu clair, les zones autorisées au vol par ETOPS-120

Une certification ETOPS élevée est donc indispensable pour les vols **long-courriers**. Jusqu'ici non concernés par cette réglementation étant donnés les faibles risques, les **quadriréacteurs** effectuant des vols longs-courriers doivent désormais remplir aussi les exigences de l'ETOPS. A noter que faute d'aéroports de secours en nombre suffisant, certaines liaisons dans le pacifique sud et l'océan indien restent **couvertes exclusivement par des quadriréacteurs**.

Les quadriréacteurs sont seuls habilités sur certains vols

Lors des très rares cas **d'arrêts simultanés de tous les moteurs** (généralement un raison d'une panne de kérosène ou d'un dysfonctionnement du FADEC), l'avion pourra continuer de **planer quelques minutes** le temps de prévoir un **atterrissage d'urgence**. La capacité d'un avion à planer dépend de son **profil aérodynamique**, qui est caractérisé par la **finesse** (rapport entre portance et trainée). Plus la finesse est élevée, plus l'avion est capable de planer longtemps. Un avion de ligne tel que l'A320 peut ainsi planer nettement plus longtemps qu'un avion de combat comme le Mirage. En 2001, un vol de la compagnie Air Transat reliant Toronto à Lisbonne s'est retrouvé en panne de carburant, provoquant l'arrêt des moteurs. L'appareil, un A330, effectua un **vol plané d'environ 20 minutes**, pour atterrir en urgence aux Açores, ne faisant **aucune victime**.

Fiabilité

Les **risques d'accidents** sont extrêmement faibles. La certification avion exige un **risque de 10^{-9}**, c'est à dire **un accident tous les 5 millions d'heures de vol.**

Le turboréacteur est ainsi certifié pour un **risque de 10^{-9}** sur les **ingestions d'oiseaux** et entre **10^{-7}** et **10^{-8}** sur les risques de **perte de puissance**. L'avion a également **interdiction de traverser un nuage de cendres**, ce qui provoquerait une perte de puissance trop importante.

Mesurer la **fiabilité d'un moteur d'avion** revient à mesurer d'abord la **fiabilité des composants de l'avion**. Ce qui permet **d'estimer globalement la fiabilité du moteur**.

On surveille le **IFSD** ("In Flight Shut Down"), c'est à dire le **taux d'arrêt moteur en vol**. Pour la plupart des moteurs, il est de **moins d'un arrêt pour 500 000 heures de vols**, c'est à dire **moins d'un arrêt pour 400 millions de km**. Ce qui équivaut virtuellement faire **deux allers et retours entre la Terre et Mars sans arrêt moteur**.

On regarde également les **D&C** ("Delays & Cancellations"), c'est à dire les **retards et annulations de vols** dus à un problème moteur. On en compte environ **1 tous les 30 000 à 35 000 départs**.

Enfin, on tient compte des **ATO** ("Aborted Take Off"), qui sont les **décollages avortés**. Dans ce cas, le moteur connait un **dysfonctionnement empêchant l'avion de décoller**. On en compte environ 1 tous les 200 000 à 250 000 départs.

En **cas d'accident**, la **responsabilité** de celui-ci se partage statistiquement de la façon suivante :
- Dans **60%** des cas **l'équipage** est en cause.
- Dans **15%** des cas **l'avion** est en cause.
- Dans **12%** des cas **météo** est en cause.

Les cas d'accidents

L'enquête

Lors d'un **accident** ou d'un **incident grave** touchant un avion civil, la priorité est donnée à la recherche des **boites noires** et à l'analyse des informations disponibles. Une **autorité** du ou des pays concernés est chargée de mener l'enquête afin d'en établir les causes. En France, cette autorité est le **BEA** (Bureau d'Enquêtes et d'Analyses pour la sécurité de l'aviation civile). Aux Etats-Unis, l'agence correspondante est le **NTSB** (National Transportation Safety Board), qui est responsable des investigations pour tous les accidents de transports (routiers, ferroviaires, maritimes et aéronautiques) sur le sol américain.

En cas d'accident commencent les enquêtes et procédures judiciaire

Après un accident sur un vol commercial, il est fréquent qu'une **action en justice** soit intentée à l'initiative des victimes ou des familles des victimes. La compagnie aérienne, l'avionneur, ainsi que le motoriste sont susceptibles d'être mis en accusation si une **faute** ou une **négligence** est retenue par les autorités judiciaires. Ce qui peut s'accompagner de **pénalités extrêmement lourdes** pour l'entreprise en cause. C'est pour cela que les entreprises aéronautiques **provisionnent** des sommes très importantes en prévision.

Concernant la **politique d'indemnisation** des victimes, elle dépend de plusieurs paramètres : principalement du **pays d'origine** et de ses lois, mais aussi de la **situation économique et personnelle** de la victime. La **convention de Varsovie** est la convention internationale qui régit le transport de personnes et de marchandises par aéronef, et qui cherche à harmoniser les politiques d'indemnisation. La **convention de Montréal** remplace dans certains cas la convention de Varsovie, mais de nombreux pays n'en sont pas signataires.

La procédure judicaire américaine

La procédure judiciaire la plus coûteuse est la **procédure américaine**. Les frais d'avocats sont très élevés et les **coûts indemnisations** atteignent plusieurs millions de dollars, pour une personne décédée ou pour un blessé grave. Statistiquement, il y a souvent **au moins un passager américain** à bord d'un avion. Il est donc particulièrement important pour le constructeur de **se préparer à la procédure judiciaire américaine**, au moins le temps de savoir si le moteur est mis en cause dans l'accident.

Lorsqu'une procédure judiciaire américaine est susceptible d'être lancée, l'entreprise peut se placer en **"Litigation Hold"**. Cela consiste à **conserver l'ensemble des documents** pouvant être demandés ultérieurement dans le cadre de l'enquête ou du procès. Les entreprises aéronautiques doivent donc **avoir une procédure d'archivage de tous les documents** pour assurer une traçabilité.

Si une **action en justice est engagée**, la procédure entre dans la phase de **"Discovery"**. La première étape est le **"Meet & Confer"**, qui fixe notamment le **calendrier de la procédure, la nature et le format des documents à produire**. A l'étape suivante, **"interrogatories"**, la société doit fournir des **réponses écrites** aux questions des parties plaignantes. Ces réponses sont apportées **sous serment**. L'entreprise doit aussi **donner l'ensemble des documents demandés**. Ensuite, avec les **"Despositions"**, les témoins et responsables **convoqués** déposent **sous serment** (en jurant sur la Bible). Le juge n'est pas présent pendant les dépositions. Ils doivent répondre aux questions de **l'avocat de la partie civile**. Le **manque de respect de la procédure judiciaire** par la société en cause peut entrainer des sanctions. L'ultime sanction étant le **jugement d'office**, et la culpabilité automatique de l'entreprise sans jugement.

Le **procès** ne vient qu'après la phase de "Discovery". Il est dirigé par un juge, mais ce sont les **12 jurés** qui vont seuls rendre le verdict. Lors de l'audience, chaque partie peut demander **l'audition de témoins experts**. Ces experts sont **librement choisis par les parties**. Le constructeur doit au maximum **démontrer le sérieux de ses procédures, sa transparence** et ses **efforts pour la sécurité**.

La justice américaine distingue **trois types de défauts** :
- Le **défaut de conception** (la conception elle même peut être à l'origine de l'accident).
- Le **défaut de fabrication** (la conception est bonne, mais la pièce a été mal réalisée, pouvant être la cause de l'accident).
- Le **défaut d'instructions** (conception et fabrication sont bonnes, mais les instructions d'utilisation ou de montage ne sont pas suffisantes et peuvent avoir provoqué l'accident).

Lors du jugement, **plusieurs cas de culpabilité** peuvent être prononcés :
- La **négligence**.
- La **responsabilité avec faute**.
- La **responsabilité sans faute**.
- La **survivabilité** (le produit n'a pas causé l'accident, mais a contribué à étendre les dommages).

Plusieurs natures de "compensations" peuvent être versées aux victimes ou à leurs familles :

- **Dommages et intérêts économiques** (calculés par extrapolation des salaires qu'aurait touchés la victime s'il n'y avait pas eu l'accident).

- **Dommages et intérêts non économiques** (prix de la douleur et fonction de la personnalité de la victime).

- Les **"punitive damages"**, dont le but est la répression et la dissuasion. C'est une amende souvent très lourde qui incite la société condamnée à améliorer ses produits à l'avenir.

Dans certaines affaires, la **responsabilité est partagée entre plusieurs parties**. Si une des parties reconnue responsable est **dans l'incapacité de payer les compensations**, il est alors demandé aux autres parties également condamnées de payer à sa place, si elles sont solvables. C'est la procédure **"Deep Pocket"**.

Il faut cependant noter que **90% des procédures américaines ne vont pas jusqu'au procès**, car il est possible pour les parties de **négocier un accord** à tout moment.

La procédure judicaire française

La **procédure judiciaire française** s'appuie sur une **instruction pénale** lancée par le procureur de la république. Un **juge d'instruction** est alors chargé de l'affaire qu'il instruit à charge et à décharge pour **tenter d'établir la vérité**.

Pour cela, il s'appuie sur les **enquêtes de gendarmerie**. Des **experts judiciaires**, spécialisés sur les accidents d'avions, sont également nommés et vont **établir un rapport** qui fera foi lors du procès.

L'objectif principal de la procédure française est que la **vérité soit établie** et les **responsabilités reconnues**. Notamment, la responsabilité des **personnes physiques** (l'ingénieur en chef, le mécanicien…) et pas seulement des personnes morales (l'entreprise). Toute personne est donc susceptible d'être poursuivie et condamnée. Même si elle est n'est plus en activité. Les motifs de condamnations peuvent **être l'atteinte involontaire à la vie ou à l'intégrité physique d'autrui**, ou encore la **mise en danger de la vie d'autrui**.

Il est fait également la distinction entre **préjudice moral** (douleur liée à la perte d'un proche et qui est fonction du degré de parenté) et **préjudice matériel** (calculé à partir d'une extrapolation des revenus futurs de la victime).

11.

Le marché des moteurs

d'avions

Les principaux motoristes du marché

General Electric

General Electric Aviation est une branche de GE Infrastructure, elle même une branche de General Electric. GE Aviation, créé en **1917** sous le nom de General Electric Aircraft Engines (GEAE), est le **premier fournisseur mondial de moteurs d'avions** pour les différentes gammes de poussée, pour le civil et pour le militaire.

Parmi les succès de GE, on peut retenir les générations successives de **CF6** qui ont équipées notamment les DC-10, Boeing 747 et Airbus A330. GE a également construit avec succès **le plus gros et le plus puissant turboréacteur au monde**, le **GE90** pour le Boeing 777. Le motoriste américain est partenaire avec Pratt & Whitney sur **GP7200**, pour l'A380. GE fournit aussi le **GEnx** pour le Boeing 787.

Par ailleurs, GE constitue avec Snecma une **joint venture à 50/50** sous le nom de **CFM International**. Sous ce nom CFM, est commercialisé le moteur **CFM56**, destiné au marché des avions monocouloirs. C'est le moteur d'avion **le plus vendu au monde**. Le nouveau moteur **LEAP**, toujours développé dans le cadre de CFM avec Snecma, est destiné à remplacer le CFM56 sur les monocouloirs.

Rolls-Royce

Rolls-Royce Holdings plc est fondée en **1906**. Après sa nationalisation en 1971, la branche aérospatiale est **privatisée en 1987**. La branche automobile est Rolls-Royce Motors. **Rolls-Royce plc** est de son côté le **deuxième fabricant de moteurs d'avion** derrière GE Aviation. Une part significative de son chiffre d'affaire vient toujours de ses **ventes militaires**. Motoriste aéronautique **précurseur**, les mtoteurs Rolls-Royce ont équipé de nombreux avions alliés pendant la **première guerre mondiale**. Le moteur Merlin équipa notamment les Spitfire de la R.A.F pendant la **seconde guerre mondiale**.

Rolls-Royce commercialise la série de moteurs **Trent** pour le **marché civil**. Ces moteurs sont pour la plupart destinés aux avions **gros porteurs** : Trent 500 (A340), Trent 900 (A380), Trent 1000 (B787), Trent XWB (A350)...

Pratt & Whitney

La société américaine **Pratt & Whitney** a été fondée en **1925** des suites du rachat de Pratt & Whitney Measurement Systems, société fondée en 1860 et qui fabriquait à l'origine des armes à feu. Aujourd'hui **troisième plus grand constructeur de moteurs d'avions au monde** pour le civil et le militaire, la société produit également des turbines pour d'autres applications telles que la production d'électricité.

Pratt & Whitney a motorisé de **nombreux avions commerciaux à partir des années 1960** avec plusieurs générations de turboréacteurs : le JT3D (Boeing 707), le JT8D (DC-9), le JT9D (B747, DC-10) ou encore le PW4000 (A330, B767), le F119 (F-22 Raptor)...

Snecma

La société française **Snecma** est un autre motoriste de premier rang. Elle est créée en **1945** suite à la nationalisation de la société **Gnome & Rhone**. Après sa fusion avec la société d'électronique Sagem, elle donne naissance au groupe **Safran**.

Snecma a d'abord équipé des **avions militaires** avec les moteurs ATAR (Mirage IV), M53 (Mirage 2000) et M88 (Rafale). Le **partenariat CFM** avec GE, permet à Snecma d'opérer un virage vers le **marché civil** avec le **CFM56**. D'autres collaborations avec GE suivent sur le **GE90** et le **LEAP**. Snecma est également partenaire sur les programmes **TP400** (A400M) et **SaM146** (Sukhoi Superjet 100).

Les autres motoristes

D'autres motoristes ne construisent pas de moteurs civils complets mais nouent des partenariats avec les grands motoristes. On peut citer **AVIO** (Italie), **MTU Aero Engines** (Allemagne), **NPO Saturn** (Russie) ou **JAEC** (Japon).

Petite revue : quels moteurs équipent quels avions ?

Les avions et moteurs d'aujourd'hui

Avions	Avionneurs	Moteurs	Motoristes	Technologie
A320	Airbus	CFM56-5B V2500	CFMI* IAE*	Turboréacteur double flux
B737	Boeing	CFM56-7B	CFMI*	Turboréacteur double flux
A340	Airbus	CFM56-5C Trent 500	CFMI* Rolls-Royce	Turboréacteur double flux
B777	Boeing	GE90-115B	General Electric	Turboréacteur double flux
B787	Boeing	GEnx Trent 1000	General Electric Rolls-Royce	Turboréacteur double flux
A380	Airbus	Trent 900 GP7200	Rolls-Royce Engine alliance*	Turboréacteur double flux
A400M	Airbus	TP400-6	EPI*	Turbopropulseur
Rafale	Dassault Aviation	M88-2	Snecma	Turboréacteur double flux post-combustion
Sukhoi 30	Sukhoi	AL31	NPO Saturn	Turboréacteur double flux post-combustion
Typhoon	Eurofighter	EJ200	Eurojet	Turboréacteur double flux post-combustion
Sukhoi superjet 100	Sukhoi	SaM146	Snecma/NPO Saturn	Turboréacteur double flux
Falcon 7X	Dassault Aviation	PW307-A	Pratt & Whitney	Turboréacteur double flux
Embraer ERJ-145	Embraer	AE-3007	Rolls-Royce	Turboréacteur double flux

Les avions et moteurs d'hier

Avions	Avionneurs	Moteurs	Motoristes	Technologie
DC-8	McDonnell Douglas	JT3C-6	Pratt & Whitney	Turboréacteur simple flux
		JT4A-9	Pratt & Whitney	Turboréacteur simple flux
		CFM56-2	CFMI*	Turboréacteur double flux
Comet	De Havilland	Ghost	De Havilland	Turboréacteur simple flux
B747	Boeing	JT9D CF6	Pratt & Whitney General Electric	Turboréacteur double flux
Alpha Jet	Dassault Aviation / Dornier	Larzac	Snecma	Turboréacteur double flux
Mirage 2000	Dassault Aviation	M53	Snecma	Turboréacteur double flux
B707	Boeing	JT3D	Pratt & Whitney	Turboréacteur simple flux
DC-10	McDonnell Douglas	CF6-50A	General Electric	Turboréacteur double flux
Caravelle	Sud Aviation	Avon	Rolls-Royce	Turboréacteur simple flux
Transall	Transport Allianz	Tyne 22	Rolls-Royce	Turbopropulseur
MD-450 Ouragan	Dassault Aviation	Nene	Rolls-Royce / Hispano Suiza	Turboréacteur simple flux
F22-raptor	Lockeed Martin	PW5000	Pratt & Whitney	Turboréacteur double flux
Tupolev 154	Tupolev	NK-82	Kouznetsov	Turboréacteur double flux
Lockheed Constellation	Lockheed	R-3350	Wright aeronautical	Moteur en étoile 18 cylindres
Concorde	Sud-Aviation / British Aircraft corporation	Olympus 593	Rolls-Royce / Snecma	Turboréacteur simple flux post-combustion
Dassault Mirage IV	Dassault Aviation	ATAR 9K	Snecma	Turboréacteur simple flux post-combustion

Les avions et moteurs de demain

Avions	Avionneurs	Moteurs	Motoristes	Technologie
A350	Airbus	Trent XWB	Rolls-Royce	Turboréacteur double flux
B737 max	Boeing	LEAP-1A	CFMI*	Turboréacteur double flux
A320 neo	Airbus	LEAP-1B	CFMI*	Turboréacteur double flux
		PW1000G (GTF)	Pratt & Whitney	Turboréacteur double flux réducteur
C919	Comac	LEAP-1C	CFMI*	Turboréacteur double flux
CS100 CS300	Bombardier	PW1000G (GTF)	Pratt & Whitney	Turboréacteur double flux réducteur
MRJ	Mitsubishi	PW1000G (GTF)	Pratt & Whitney	Turboréacteur double flux réducteur
MS-21	Irkout	PW1000G (GTF)	Pratt & Whitney	Turboréacteur double flux réducteur
B777X	Boeing	GE9X	GE	Turboréacteur double flux
Falcon 5X	Dassault Aviation	Silvercrest	Snecma	Turboréacteur double flux
A330 neo	Airbus	Trent 7000	Rolls-Royce	Turboréacteur double flux

CFMI : Joint Venture 50/50 entre General Electric et Snecma pour le CFM56 et le LEAP.

IAE : International Aero Engines. Société regroupant les motoristes Pratt & Whitney, Rolls-Royce, Japanese Aero Engine Corporation et MTU Aero Engines pour le V2500.

EPI : Europrop International. Société regroupant les motoristes Rolls-Royce, MTU Aero Engines, Snecma et Industria de Turbo Propulsores pour le TP400.

Engine Alliance : 50/50 entre General Electric et Pratt & Whitney pour le GP7000.

Le marché aérien

Le trafic aérien

Avertissement : les chiffres présentés dans cette partie sont ceux disponibles à partir des statistiques de l'année **2013**.

On compte plus de **20 000 avions commerciaux** travers le monde, se répartissant en **65% d'appareils monocouloirs**, **22% de gros porteurs** et **13% de jets régionaux**. Cette flotte représente environ **80 000 vols par jour**, ce qui se traduit par **un décollage d'avion chaque seconde** dans le monde. Parmi ces vols, environ **10 000** sont des **longs courriers**. Sur une année, on compte **28 millions de vols** dans le monde, ce qui représente **3.3 milliards de passagers par an**. A l'horizon 2050, on prévoit qu'ils seront **plus de 6 milliards**.

On dénombre plus de **900 compagnies aériennes** à travers le monde. Leur flotte va de **1 à 400 appareils**. Une compagnie utilise un avion en moyenne **3000h par an** avec un taux de remplissage moyen de **79%**. On remarque que **90%** des vols long courriers se concentrent sur seulement une quarantaine de trajets. **Géographiquement**, le trafic aérien se présente de la façon suivante : **30%** en Asie-Pacifique, **27%** en Amérique du Nord, **27%** en Europe, **8%** au Moyen Orient, **5%** en Amérique Latine et **2%** en Afrique.

L'enjeu pour une compagnie aérienne est de **faire voler ces avions le plus possible**, avec un **taux de remplissage maximum**, tout en ayant une **consommation en carburant** et des **coûts de maintenance les plus faibles possible**.

Par ailleurs, on remarque que les **indices boursiers** ont une **forte corrélation** avec la **vente d'avions commerciaux**.

Les chiffres financiers

Les coûts de développement d'un moteur

Les **coûts de développements** varient selon la gamme de moteur qui est développée :

- Moteur **régional** : environ **600 millions d'euros**.
- Moteur **intermédiaire** : environ **1 milliard d'euros**.
- Moteur à **forte puissance** : environ **1,5 milliards d'euros**.

La répartition des coûts d'un vol

Les **coûts d'exploitation** se répartissent de la façon suivante pour les vols **longs courriers** :

- **Carburant** : **50%**
- Pilotes : 15%
- Equipage en cabine : 10%
- Dépréciation : 6%
- Maintenance de l'avion (hors moteur) : 7%
- Maintenance des moteurs : 5 %

- Taxe d'atterrissage : 4 %
- Assurance : 2%

Plus le vol est long, plus la **part du carburant** dans le coût d'exploitation est élevée. Pour les vols **moyens courrier**, la part tombe à **30%** environ. Mais d'une façon générale, cette part du carburant dans les coûts à **tendance à augmenter**.

Le prix de vente d'un moteur

Lorsqu'une compagnie aérienne fait l'acquisition d'un avion, le coût du moteur compte pour environ **25% du prix de l'avion**.

Ce sont les **compagnies aériennes**, et non l'avionneur, qui achètent et négocient auprès du **motoriste**. Le prix peut varier beaucoup entre le **prix catalogue** et le **prix réel** de vente issu des **négociations commerciales**. En revanche, il y a **peu de réduction** accordée pour les **moteurs d'aviation d'affaire**.

Quelques **ordres de grandeurs de prix catalogue** :

- Prix d'un avion A320 : **90 à 100 millions de dollars**.
- Prix du moteur (CFM56) : **9 millions de dollars**.
- Prix de la nacelle : **1,5 millions de dollars**.
- Prix globale de la propulsion : **20 millions de dollars**.

Les **"appraisers"** sont en quelque sorte les **agences de notation** des moteurs d'avions. Une notation plus ou moins bonne influence le prix catalogue du moteur.

Les pièces du moteur sont généralement **garanties entre 5000**

et 10 000 heures de vol selon les contrats.

Le prix de vente des pièces de rechange

Les **pièces de rechange** sont généralement vendues **très cher** par les **motoristes** qui peuvent faire une **marge** très importante.

Le **moteur complet** n'est donc pas vendu très cher en comparaison. Le motoriste se rattrape et fait **l'essentiel de sa marge** sur la vente des pièces de rechange.

Les coûts de maintenance

Le moteur représente environ **35% du coût de la maintenance** de l'avion.

La rentabilité financière pour le motoriste

La **marge opérationnelle d'un motoriste** se situe aux alentours de **15%**. En comparaison, la marge d'un avionneur est plutôt de 10%, et celle d'une compagnie aérienne de 2%.

Il faut compter environ **15 ans entre les premiers investissements et les premiers revenus** car il faut au moins une quinzaine d'années pour développer et certifier un turboréacteur.

La **rentabilité financière** des compagnies aériennes est beaucoup plus fragile que celle des motoristes. Lors de l'épisode du **volcan islandais** de **2010**, le trafic aérien a connu **10 jours d'interruption**. 10 millions de passagers sont restés bloqués. Les compagnies aériennes ont vu s'envoler **la moitié de leurs bénéfices annuels** pendant ces quelques jours, ce qui montre la **fragilité du secteur**. On estime en effet à **1 million de dollars par jour** les pertes pour une compagnie en cas d'immobilisation de sa flotte.

12.

Les moteurs de demain

Des enjeux économiques et environnementaux

La **consommation spécifique** des moteurs d'avions a été **divisée par presque 4 en cinquante ans**. Nous sommes passés de plus **de 10L de kérosène consommé par passager au 100 km** dans les **années 1960** (sur Boeing 707) à **moins de 3L en 2010** (sur A380). Cela montre que les constructeurs ont déjà réalisé des progrès significatifs ces dernières décennies. Cependant, en raison de la hausse du prix du pétrole, la **part de la consommation en carburant** dans les coûts d'exploitation reste de **30%** pour les avions monocouloirs et de **50%** pour les gros porteurs, ce qui plombe les marges des compagnies aériennes. Par ailleurs, le secteur aéronautique affiche des **objectifs anti-pollution ambitieux** d'ici 2020 (réduction de 50% du CO_2, de 80% des NO_x et de 50% du bruit). Les motoristes doivent encore **diminuer la masse** des turboréacteurs, tout en améliorant les **performances** et la **qualité** de la **propulsion**. Il faut donc agir à la fois sur le **flux froid** (circuit secondaire) et sur le **flux chaud** (circuit primaire). Passons en revue les dernières innovations imaginées par les constructeurs pour optimiser, et quelquefois révolutionner, les moteurs de demain.

Les technologies des moteurs de demain

Le réducteur

Pour augmenter le rendement d'un turboréacteur, on peut notamment **accélérer la vitesse de rotation de la turbine BP**, et donc du compresseur BP. Le taux de compression est alors plus élevé, et il est possible de retirer des étages de turbine et de compresseur pour ainsi réduire la masse du moteur. Mais, **le corps BP entraine aussi la soufflante qui ne peut pas dépasser une vitesse limite** à cause du phénomène des ondes de choc. Une solution est donc d'utiliser un **réducteur pour découpler la rotation de la soufflante et du corps BP**.

Cette technologie **GTF** (Geared Turbo Fan) a été développée par Pratt & Whitney et équipe sa nouvelle gamme de turboréacteur Purepower 1000G. Le GTF est un réducteur qui se compose d'une **boite d'engrenages placée entre le fan et le compresseur BP**. Ce dispositif dissocie la rotation du fan de la rotation du corps BP. La **vitesse de rotation du Fan diminue** (3000 tr/min) alors que **celle de la turbine BP augmente** (9000 tr/min, soit le double d'une turbine classique). Plusieurs avantages : le **taux de compression du corps BP s'améliore** grâce à la vitesse élevée de rotation de la turbine BP, ce qui permet de réduire le nombre d'étages du compresseur et donc la **masse** tout en gagnant en **performance** et en coûts de **maintenance** (en allongeant l'intervalle entre deux déposes du moteur). Par ailleurs, la vitesse élevée de rotation de la turbine autorise celle-ci à être plus petite, d'où une **réduction du volume du corps BP**. Du coup, ce gain en masse permet **d'augmenter le diamètre de la nacelle et de la soufflante**, et donc (grâce également à la réduction de la vitesse de rotation du fan) **d'augmenter le flux secondaire**. On atteint ainsi un **taux de dilution record de 12** (contre 6 actuellement pour des moteurs de même gamme), ce qui fait **baisser la consommation** en kérosène et **réduit le bruit**.

Ce réducteur présente cependant quelques **inconvénients**. Si la suppression d'étages du compresseur et la diminution de la taille des turbines permettent de gagner en masse, le réducteur en ajoute. Par ailleurs, pour obtenir un taux de dilution plus élevé, **il faut agrandir le diamètre du fan et de la nacelle**, ce qui **augmente également le poids**, mais aussi la **trainée**. Enfin, le réducteur est un **système complexe à maitriser** et à maintenir. Et en cas de panne, le fan doit continuer à tourner.

La soufflante non carénée ("open rotor")

Le concept de **soufflante non carénée** (appelé aussi **"Open Rotor"**) repose sur le **principe d'une ou deux soufflantes fixée(s) directement sur la turbine de puissance**, et située(s) **en dehors d'une nacelle**. L'objectif principal est de réduire sensiblement la consommation en kérosène (de l'ordre de 25%) grâce à de **très hauts taux de dilution**.

Le principe n'est pas vraiment nouveau, puisqu'il a été étudié dans les années 1980 chez General Electric, en réponse aux chocs pétroliers de 1973 et 1979, signes avant-coureurs d'une énergie chère. Un premier Open Rotor fut donc conçu sous le nom **d'UDF (UnDucted Fan)**, ce qui déboucha sur le développement d'un démonstrateur, le GE36, qui fut testé en 1986 sur Boeing 727. Cependant, le projet fut abandonné, notamment pour des problèmes de rentabilité suite à la forte baisse du pétrole à la fin des années 1980. Avec la nouvelle hausse du prix de l'énergie dans les années 2000, certains motoristes s'intéressent à nouveau à ce concept, avec notamment le **programme européen Clean Sky** qui vise une entrée en service à l'horizon 2030.

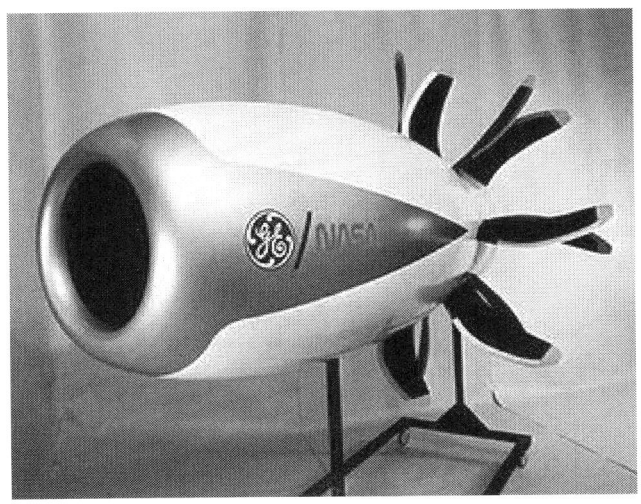

Le GE36 de GE, première étude de soufflante non carénée

Avec ce système, **les hélices de soufflantes tournent à l'air libre**, entrainées par une turbine. **Il n'y a plus de nacelle**, ce qui réduit le poids et l'effet de trainée. Avec l'absence de carénage, les soufflantes à l'air libre présentent un **plus grand diamètre** et produisent un flux d'air froid beaucoup plus important à une vitesse réduite, ce qui augmente le rendement avec des **taux de dilution très supérieurs** (entre 35 et 40, contre 11-12 pour les nouveaux turboréacteurs), et permet une **réduction importante de la consommation en carburant**. Dans le cas de l'open rotor Clean Sky, les **deux rangés de pales tournent en sens inverse** (pales dites "contrarotatives"). La première rangée (hélice lévogyre, en rotation vers la gauche) produit la plus grande partie de la poussée, tandis que la seconde rangée (hélice dextrogyre, en rotation vers la droite) redresse le flux d'air. Si l'open rotor est de très grande dimension par son diamètre (presque 4 mètres, c'est-à-dire deux fois plus grand que les turboréacteurs actuels), il garde la **même vitesse** et la **même performance** tout en baissant sensiblement la consommation.

Une maquette du future open rotor du programme Clean Sky

Cependant, la technologie à soufflante non carénée présente certains **inconvénients**. Notamment au niveau de l'intégration, du fait de son très grand diamètre qui empêche son installation sous les ailes. Ce qui **contraint d'installer l'open rotor à l'arrière de l'avion**, et **demande donc à repenser entièrement son architecture**. De plus, l'absence de carénage pose le **problème du bruit**. Celui-ci n'est plus limité par la présence de la nacelle et nécessite de mieux **dimensionner les hélices** et de bien **régler l'espacement des pales**. Autre risque lié à l'absence de nacelle : aucune structure n'empêche désormais une **pale cassée** du rotor de transpercer le fuselage ou les ailes de l'avion. D'où là encore la nécessité d'installer les moteurs à l'arrière de l'appareil sur les empennages verticaux pour protéger l'avion de ce risque.

Ce qui demande donc de **revoir radicalement la conception**.

Une meilleure combustion

Si le réducteur GTF et la technologie en "Open rotor" visent à améliorer les performances et la consommation en agissant sur le flux secondaire, **d'autres recherches portent sur le flux primaire**, et notamment la **combustion**.

Les constructeurs travaillent à une **meilleure compréhension de l'aérodynamique de combustion** afin d'en améliorer le cycle. En effet, une partie du carburant s'échappe de la chambre de combustion sans avoir été brûlée. D'où les **émissions** de **monoxyde de carbone** et les **hydrocarbures** imbrûlés. On cherche donc à **mieux homogénéiser le mélange air/kérosène** qui rentre dans la chambre. La combustion est d'autant plus **stable** que l'on s'approche des **conditions stœchiométriques**. En revanche, **la température va augmenter**, ce qui génère des **NOx**. On cherche donc à produire une **combustion pauvre** (mélange plus riche en air qu'en kérosène) à la **limite d'extinction du moteur**. Cela présente des risques d'instabilités en vol (et l'arrêt du moteur), mais permet de **réduire les émissions en particules et en NOx**. Différents types de chambres de combustion, à géométries internes variables, sont également à l'étude pour **limiter le temps de séjour des gaz brûlés** dans les zones de hautes températures.

Pour mieux maitriser la richesse des mélanges, les motoristes travaillent sur de **nouveaux systèmes d'injection** reposant sur un **prémélange de l'air et du kérosène** avant l'entrée dans la chambre de combustion. Ceci permet de maintenir un **mélange pauvre** (dit aussi "sous stœchiométrique" avec un rapport de 14g d'air pour 1g de carburant) qui évite d'envoyer dans la chambre du carburant qui ne serait pas brûlé. Cette nouvelle technologie repose sur des **injecteurs étagés à plusieurs niveaux de vrilles**. L'air entrant dans l'injecteur récupère au passage du kérosène injecté par **multi-points** dans les vrilles. Le mélange air/kérosène est ainsi **beaucoup plus homogène** avant d'être vaporisé dans la chambre. Et limite du coup les émissions. On parle aussi **d'injecteurs LPP** (Lean Premixed Prevaporized), c'est à dire à **mélange pauvre** (Lean), avec un **prémélange Air/kérosène** avant l'entrée dans la chambre (Premixed) et **complètement vaporisé** avant la combustion (Prevaporized).

Un meilleur taux de compression

Plus la compression est élevée, **plus la combustion est optimale** dans la chambre. En effet, la température et la pression favorise le processus de combustion en l'amenant vers l'équilibre. Dans ce cas, la combustion parfaite se réalise, **sans produire d'émissions**. C'est pourquoi les motoristes travaillent sur **l'augmentation du taux de compression**. Le GE9X, nouveau moteur à forte puissance de General Electric dans la ligné du GE90, va ainsi présenter un taux de compression record de 1:60 avec un total de 11 étages de compression. La difficulté principale est de **ne pas**

alourdir les ensembles compresseurs par des étages supplémentaires. Pour cela, on peut jouer sur un gain de masse avec l'utilisation de disques aubagés monoblocs, et sur une meilleure aspiration de l'air vers les compresseurs avec des aubes de soufflantes polies et plus aérodynamiques.

Les nouveaux matériaux

Une amélioration des performances passe par une augmentation de température et de pression dans la partie chaude. Ce qui implique de réaliser des progrès sur la tenue des matériaux à très hautes températures. Ainsi, Pratt & Whitney et son partenaire MTU utilisent des alliages complexes tels que l'aluminure de titane (TiAl) sur les turbines BP du moteur PurePower 1000G. Cet alliage a la particularité de réunir les caractéristiques des métaux et des céramiques. Ses propriétés mécaniques sont très proches des alliages de nickel actuellement utilisés, mais avec une densité plus faible. La masse des aubes de turbine BP est ainsi réduite de presque moitié grâce à ce nouvel alliage, pour une robustesse et durée de vie équivalente. La présence d'aluminium rend le matériau extrêmement résistant à l'oxydation et à la corrosion. Cependant, l'aluminure de titane est difficile à former et peu malléable. Il est nécessaire de développer de nouvelles méthodes de forgeages pour produire ces aubes. Le composite à matrice céramique (CMC) est quant à lui utilisé sur les turbines HP de ce même moteur. La matrice se compose principalement d'alumine (c'est-à-dire d'oxyde d'aluminium) ou de carbure de silicium et se mélange à des fibres de carbone ou de carbure de silicium. Ce matériau est **deux fois plus résistant** et **trois fois plus léger** que les alliages à base nickel. Et il peut **résister à 200 ou 300 degrés de plus**.

Par ailleurs, les **matériaux les plus résistants à la chaleur** (notamment les alliages de Nickel et de Cobalt) nécessitent d'être renforcés par des **barrières thermiques** (protection), et sont largement **refroidis** au moyen de **parois de chambre multi-perforées**. Par **convection forcée**, l'air passe à travers les trous (diamètre de l'ordre de 500 microns) pour refroidir la chambre. Mais sous l'effet des charges thermiques importantes, des **fissures** apparaissent entre les trous, ce qui **fragilise la chambre** et limite sa durée de vie. Par ailleurs, on atteint certaines **limites en température**, même avec les meilleurs matériaux. Des recherches portent donc sur **l'architecture du matériau** lui-même, avec le concept de **matériaux dits "poreux" ou "transpirant"**.

Le principe est de **favoriser les échanges thermiques** et donc le refroidissement par **convection** entre des mini vaisseaux et la paroi du matériau. Ce matériau "poreux" se présente donc comme une **plaque multi-perforée**, avec des trous de l'ordre de 10 à 100 microns reliés entre eux par les **vaisseaux**. Ce matériau est ainsi "transpirant" et ressemble à une éponge munie d'alvéoles qui communiquent entre elles. **Le refroidissement est ainsi favorisé**, permettant de **limiter les points chauds**, et donc **d'augmenter la durée de vie du matériau**. C'est aussi une structure de matériau qui **limite les**

émissions en NOx.

Parmi les matériaux poreux, on distingue les matériaux **céramiques** et les **métaux**. Les céramiques offre une **bonne tenue à l'oxydation**, mais une **plus faible résistance mécanique**. On peut donc avoir recours à des **renforts en fibre de carbone** que l'on imprègne avec une **matrice d'alumine**, suffisamment poreuse pour assurer le refroidissement. Par ailleurs, en jouant sur la matrice et l'épaisseur du matériau, on peut **faire varier la porosité du matériau**. Les métaux présentent quant à eux une **meilleure résistance mécanique**, mais une **tenue à l'oxydation plus faible**. Une solution est d'utiliser du **chrome**, qui améliore la tenue à l'oxydation et à la corrosion.

Une autre nouveauté du côté des matériaux composites est l'utilisation de **fibres de carbone tissées en 3D** pour les aubes fan du futur moteur LEAP de CFM. Jusqu'à présent, on utilisait du **titane** pour les aubes en raison de sa **résistance aux ingestions d'oiseaux** (la certification exige de résister à des impacts d'oiseaux jusqu'à 4 kg). Le **composite tissé en 3D** est une application du **tissage Jacquard** adaptée à la fibre composite, ce qui permet de créer des **structures en 3D**, et non en 2D par laminage (c'est à dire formé de nappes superposées). Cette structure complexe (il faut compter 7 km de fils de carbone par aube et une douzaine d'armatures) est **tissée en une seule fois et en trois dimensions**. Les aubes sont donc **tissées dans l'épaisseur**, renforçant aussi la résistance du matériau dans la direction perpendiculaire à la nappe. Cette technologie permet de **piéger et dissiper une onde de choc** de façon à empêcher une fissure de se propager. Elle offre aussi une **plus grande résistance aux impacts** (et donc aux oiseaux). La fibre de carbone est également **deux fois plus légère que le titane**, ce qui offre un **gain en masse** d'environ 450 kg par moteur, soit 900 kg pour l'avion. L'équivalent de 8 à 10 **passagers supplémentaires**. La mise en œuvre de ce procédé a en outre permis de diminuer le nombre d'aubes du fan.

Le carter fan du LEAP utilise également la fibre de carbone, contribuant à l'allègement du moteur. Ces gains en masse ont du coup permis **d'augmenter le diamètre du fan** (en comparaison avec le CFM56, on passe de 1,73m à 1,93m), améliorant le rendement avec un taux de dilution à 11 (contre 5 pour le CFM56). Cette méthode (allègement pour augmenter le diamètre et donc le taux de dilution) a cependant ses **limites**. S'il est envisageable d'atteindre un jour des taux de dilution de 15 ou 20, l'augmentation du diamètre **augmente le poids**, et détériore l'aérodynamisme en **augmentant la trainée**. Par ailleurs, pour **maintenir la garde au sol** (distance entre le sol et le point bas du moteur), cela contraint à relever les trains d'atterrissage.

*Les aubes fan du LEAP réalisées
par tissage 3D de fibres de carbone*

*Le carter fan du LEAP est en matériaux composites
ce qui permet un allègement important de la structure*

Les fabricants **d'alliages classiques** (aluminium, titane, nickel) préparent aussi certaines innovations pour réagir à l'utilisation de plus en plus massive de matériaux composites. Contrairement aux composites dont les propriétés dépendent de l'orientation des fibres, les métaux ont des propriétés **isotropes** (identiques quelquesoit la direction du matériau), ce qui en font les seuls matériaux appropriés pour des **pièces complexes à chargement multidirectionnel**. Les métaux ont par ailleurs l'avantage d'être en moyenne **5 fois moins chers** que les composites, et avec une **recyclabilité maitrisée à l'infini** contrairement à eux. Mais pour améliorer les performances des métaux, fabricants ont enrichi les alliages (notamment d'aluminium) avec d'autres matériaux comme le **lithium**, le **cuivre**, **l'argent** ou encore le **manganèse**. Ces nouveaux alliages sont prometteurs car ils permettraient **d'améliorer la résistance mécanique** de 15% à 25% et de présenter un **gain en masse** de l'ordre de 25%. Ils pourraient ainsi reprendre l'avantage face aux composites.

Les nouveaux carburants

Les constructeurs doivent améliorer la consommation des moteurs en kérosène. On prévoit en effet le **doublement du trafic aérien** et donc de la consommation d'ici **2040**, pour atteindre les **500 millions de tonnes de carburant consommés par an**. Mais les efforts de recherches portent aussi sur la **composition du carburant** lui-même, de façon à atteindre les objectifs de réduction des émissions.

Actuellement, le kérosène contient des **aromatiques** qui **améliore la durée de vie** de la chambre de combustion, mais sont **à l'origine des suies** (carbone non brûlé) émises par le moteur. D'où l'intérêt des **nouveaux carburants de synthèse** qui ne comportent pas d'aromatiques. La solution est donc de **mélanger les carburants synthétiques et les carburants fossiles** pour combiner leurs avantages et ainsi limiter les émissions de suies.

Par ailleurs, les recherches actuelles portent aussi sur les **biocarburants. D'origines végétales**, ils présentent l'intérêt de pouvoir **remplacer le kérosène** dont le prix devrait fortement augmenter dans les années à venir. Ils ont également un **bilan carbone plus "vert"** car le CO_2 qu'ils rejettent a auparavant été puisé dans l'atmosphère par le végétal. Autre avantage, il n'est **pas nécessaire de modifier le système de distribution** des appareils lorsque la distribution est **"drop in"** (utilisé en mélange avec du kérosène fossile conventionnel).

On distingue aujourd'hui plusieurs générations de biocarburants. La **première génération** fait largement appel à la **filière huile végétale** (maïs, tournesol, colza ou palmier notamment) et à **l'hydrotraitement** des huiles (procédé de raffinage qui permet de retirer le soufre de huile par réaction avec l'hydrogène). **L'hydro-isomérisation** permet aussi d'assurer à ce carburant une **bonne résistance au gel en altitude**. La **deuxième génération** s'appuie sur de nouvelles filières moins polluantes et qui présentent de meilleurs rendements que la filière des huiles. On parle de **lignocellulosique** (transformation de la lignine et de la cellulose en alcool ou en gaz). La **troisième génération** de biocarburants est constituée à partir **de microalgues** (on parle aussi d'algocarburant). Les algues proposent de très loin les **meilleurs rendements** (20 fois plus élevés que les plantes terrestres), avec également un bilan carbone plus intéressant. Mais elles nécessitent d'importantes quantités d'eau.

Depuis 2008, des essais en vol ont embarqué avec succès des **mélanges avec 50% de kérosène conventionnel et 50% de biocarburant**. D'ailleurs, ces mélanges 50/50 sont **désormais autorisés sur les vols commerciaux**. La mise en œuvre pratique de cette filière reste cependant complexe. En effet, les biocarburants souffrent d'un **problème de compétitivité et de disponibilité**. L'huile coûte le même prix que le kérosène, mais il faut 2 tonnes d'huile pour produire 1 tonne de biocarburant. Mécaniquement, les biocarburants à l'huile végétale sont donc **deux fois plus chers que le kérosène**. Pour les biocarburants formés à partir de microalgues, il faut même compter **3 à 4 fois plus**. Faute de rentabilité pour la compagnie aérienne, ils ne sont pour l'instant **presque pas utilisés**. Par ailleurs, se pose aussi le **problème de la production massive** et de la disponibilité de ces biocarburants. Ils présentent en effet le **risque de défrichements massifs** des forêts tropicales et sont en **concurrence avec les cultures vivrières**. L'avantage de la filière algue est de pouvoir envisager une production massive

sans déforestation.

Faute de compétitivité, **la filière peine donc à se développer**. D'où les besoins d'incitations pour aider le développement de ces carburants alternatifs. L'Union européenne affiche l'objectif d'une consommation de 4% de biocarburants dans l'aviation d'ici 2020. Pour un **déploiement plus large dans les années 2025/2030**.

Les disques aubagés monoblocs

Plusieurs motoristes (Pratt & Whitney, Rolls-Royce, General Electric, Snecma...) ont récemment adopté **l'architecture monobloc pour les disques du compresseur**. La particularité est que désormais cet élément est **d'un seul tenant** (monobloc) car constitué à la fois du **disque** et des **aubes**. Le **Disque Aubagé monobloc** (DAM, en anglais "Blisk" pour "Bladed Disk") permet un **allègement significatif** des compresseurs. Ce disque a vu le jour grâce aux **progrès des machines outils**, puisque cette pièce complexe est réalisée par **usinage tridimmensionel** (usinage à trois dimensions).

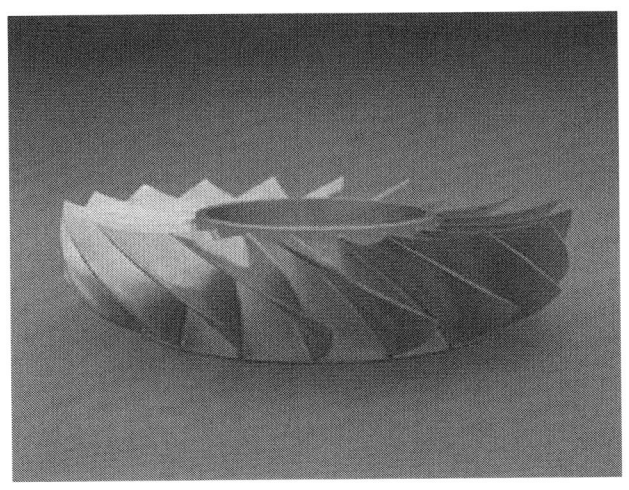

Exemple de Disque Aubagé Monobloc

Les moteurs hybrides

A un horizon plus lointain (pas avant 2035), les constructeurs envisagent l'utilisation de **moteurs hybrides pour des vols commerciaux**. Si quelques prototypes d'avions électriques existent, la **faible autonomie** et la nécessité de **revoir profondément l'architecture de l'avion** font que cette technologie ne sera pas utilisée commercialement avant 20 ans. L'industrie doit notamment progresser sur les **capacités de stockages des batteries** (notamment des batteries Lithium-Ion). D'autres technologies sont pour le moment au stade de l'étude ou du prototype mais pourrait servir de **sources complémentaires en électricité**. Airbus envisage ainsi l'installation de **panneaux solaires sur les ailes** de ses appareils à l'horizon 2035. La **pile à combustible** reste également d'actualité, mais pas avant 2050. Ces sources alternatives d'énergie permettraient d'alimenter les avions, de plus en plus consommateurs en électricité.

Quoiqu'il en soit, les avionneurs devront expérimenter des architectures de ruptures, avec une **propulsion intégrée au fuselage**, ou assurée par une **multitude de petits moteurs**. D'une façon générale, les futures améliorations exigeront plus de collaborations entre les motoristes et les avionneurs. Comme le kérosène compte pour près de 50% dans les coûts d'un vol, la possibilité de réduire la consommation en carburant de 25% avec l'utilisation de moteur hybride est un enjeu majeur.

L'impression 3D

L'impression 3D est née de la stéréolithographie dans les années 1980. Elle consiste à **fabriquer une pièce par dépose de couches successives** très minces de **poudres** d'aluminium, de titane ou de carbone. Elle repose donc sur le principe de la **fabrication additive** (on parle en anglais "Additive Layer Manufacturing"). La technique la plus répandue dans l'industrie est la **fusion laser sélective** (ou DMLM : Direct Metal Laser Melting), qui consiste à déposer une fine épaisseur de poudre métallique, puis à **faire fondre le métal à l'aide d'un faisceau laser** pour le **faire durcir selon la forme voulue**. L'opération se répète ainsi pour chaque couche.

Les avantages par rapport aux procédés de fabrication classiques sont nombreux. Comme c'est un processus additif, l'imprimante n'utilise que **l'exacte quantité de matière nécessaire**, ce qui **évite les opérations complexes d'usinages**, le **gaspillage** en retirant la matière (jusqu'à 90% de copeaux lors de l'usinage) et permet des **gains en masse spectaculaires** (de l'ordre de 30% à 55%). La fabrication est du coup **simplifiée** et **économique** car elle ne nécessite pas de faire appel à des outils coûteux pour créer la forme exacte. La mise en œuvre de l'impression 3D **révolutionne aussi la conception** de certaines pièces qui deviennent réalisables **en un seul tenant**, et **une seule opération**, avec une **précision extrême** (moins de 20 microns), une **garantie du "zéro défaut"**, et une **durée de vie nettement supérieure**. Tous les motoristes s'intéressent donc à cette technologie qui n'en est encore qu'à ses débuts dans l'industrie.

Sur le programme LEAP, le motoriste CFM a introduit des **injecteurs de carburant** entièrement fabriqués par impression 3D. Le changement est d'autant plus spectaculaire que désormais **une seule pièce est imprimée d'un même bloc** et remplace la vingtaine de pièces qui constituait auparavant l'injecteur. Avec pour résultat des **pièces plus légères**, **5 fois plus durables** et beaucoup **plus faciles à fabriquer**. Sur son programme Trent XWB-97, Rolls-Royce teste la plus grosse impression 3D jamais envisagée par un motoriste : une **chambre de paliers**, où logent les roulements d'une turbine. La pièce a été imprimée **à partir de poudres de titane**, en utilisant la **fusion par faisceau d'électrons** (ou

EBM : Electron Beam Melting). La poudre est ici chauffée et agglomérée non par laser, mais par un faisceau d'électrons. Sur son nouveau moteur PurePower, Pratt & Whitney embarque également **25 pièces réalisées par fabrication additive** à partir de **titane** ou de **nickel**. Il s'agit principalement de **pièces de fixation**, de **buses d'injection**, ou de **collecteurs de carburant**. Ce qui a permis au constructeur de réaliser des **gains en temps de conception et en masse**.

L'utilisation de pièces issues de l'impression 3D dans les moteurs se réduit pour le moment à quelques pièces non stratégiques. Avec le long processus de certification aéronautique, il faudra encore patienter pour voir des pièces tournantes passer aussi par la fabrication additive. Une piste de recherche est aussi de pouvoir **panacher les matériaux utilisés pour fabriquer la pièce**. L'aube de turbine n'est pas exemple pas sollicitée de la même façon en ses différents points. Le challenge de l'aéronautique est aussi de **passer à la fabrication additive à une échelle industrielle**. C'est en ce sens que General Electric investit dans son site d'Auburn pour installer 50 imprimantes 3D destinées à la production des injecteurs de carburant du LEAP. La production prévue est de **45 000 injecteurs imprimés par an**.

Comparatif entre fabrication par usinage et fabrication additive

Le groupe Safran a réalisé un démarreur complet par impression 3D

Les turbopropulseurs

Pour une compagnie aérienne, le **coût d'un vol au kilomètre par passager** est une donnée essentielle. Sur de courtes distances (vols régionaux), l'enjeu n'est pas d'effectuer le trajet le plus rapidement possible, mais de **minimiser son coût**. Pour des vitesses en vol allant **jusqu'à 700 km/h**, le **turbopropulseur offre un meilleur rendement** en consommant jusqu'à 70% de kérosène en moins par rapport à un turboréacteur. Le turbopropulseur offre donc le **meilleur compris temps de vol/coût** pour un trajet régional. Sa maintenance est également **plus simple** et **plus économique**. Avec la hausse des prix du kérosène, les avionneurs et motoristes s'intéressent de nouveau à cette technologie, qui pâtissait d'une image vieillotte.

Le turbopropulseur présente cependant certaines limites : **au delà de 700 km/h**, il perd de son efficacité aérodynamique à cause des **ondes de choc**. La vitesse de rotation et la taille de l'hélice sont donc limitées et le **rendement des turboréacteurs devient meilleur** à grande vitesse, sur longue distance et pour des avions de plus de 100 passagers. Une autre limitation du turbopropulseur est le **bruit**, plus important que sur un turboréacteur dû à l'absence de carénage au niveau de l'hélice. Les constructeurs ont cependant réduit sensiblement les émissions sonores ces dernières années et **respectent largement les seuils réglementaires** de l'OACI. Le défi de demain sera de baisser encore le bruit des turbopropulseurs.

La turbine de puissance est un élément qui joue un rôle important dans la performance du turbopropulseur et la baisse de consommation en carburant. Des recherches portent donc aussi sur la conception d'une **turbine de puissance plus**

rapide. D'autres améliorations sont à l'étude, notamment sur les **performances du réducteur**, le **dégivrage électrique des hélices** ou encore le **tube à flamme** où a lieu la combustion, et qui doit pouvoir résister à de plus hautes températures.

L'aérodynamique de l'avion

Pour qu'un avion avance, il faut que la **poussée** produite par les moteurs soit **supérieure** à la **résistance aérodynamique** (force de trainée). Si le rôle du motoriste est de fournir un **maximum de poussée**, l'avionneur doit quant à lui imaginer des configurations avions plus aérodynamiques pour **minimiser la trainée** et ainsi **réduire la consommation**. C'est pourquoi les avionneurs utilisent au maximum de matériaux composites (jusqu'à 50% sur l'A350 XWB) pour **alléger la structure**. Les constructeurs doivent aussi **changer profondément d'architectures** pour obtenir un maximum de portance tout en minimisant la trainée. L'enjeu est notamment de limiter les turbulences au niveau des voilures et aux extrémités des ailes où se forment des tourbillons. C'est pourquoi des **ailerons verticaux** (appelé "winglets") de 2 à 3 mètres sont montés aux extrémités des ailes. Cela **réduit les turbulences et la consommation**. Ils sont d'ailleurs proposés en option sur les A320 et B737, et de base sur tous les futurs appareils de ces deux constructeurs. Cette solution **s'inspire de la forme des grands rapaces** dont les ailes sont relevées à l'extrémité. L'aérodynamisme des fuselages est également amélioré avec des **micro-rainures** qui **favorisent l'écoulement de l'air**. Reproduisant ainsi **l'aérodynamisme**

de la peau des requins. Par ailleurs, les appareils sont désormais recouverts d'une **peinture spéciale** facilitant l'écoulement des fluides en vol.

Une meilleure utilisation des moteurs

Les compagnies aériennes ont également compris qu'une meilleure utilisation de l'appareil, et en particulier des moteurs, permettait de réaliser d'importantes économies. Ainsi, le **poids** embarqué à bord de l'appareil est **compté au plus juste**. Les bagages sont aussi mieux répartis en soute, de manière à **conserver un bon équilibrage de l'avion**. Les pilotes ont de leur côté adopté une **conduite plus économe** en carburant, en n'utilisant **qu'un seul moteur pendant le roulage au sol**, en **réduisant légèrement la vitesse** en régime de croisière et en effectuant des **descentes progressives par paliers**.

Lexique

ADIRU : Air Data Inertial Reference Unit (interface avec le calculateur avion)

AGB : Accessory Gear Box (Relai d'accessoires)

APU : Auxiliary Power Unit (Démarreur)

ATO : Aborted Take Off

BEA : Bureau d'Enquêtes et d'Analyses

BP : Basse Pression

Bypass : Canal Flux froid d'un turboréacteur double flux

CMC : Composite à Matrice Céramique

CMM : Composite à Matrice Métallique

CMO : Composite à Matrice Organique

DAM : Disque Aubagé Monobloc

D&C : Delays & Cancellations

DGA : Direction Générale de l'Armement

DGAC : Direction Générale de l'Aviation Civile

EASA : Agence Européenne de sécurité aérienne

ECU : Engine Control Unit (Calculateur)

EGT : Exhaust Gas Temperature (Température de turbine)

ETOPS : Extended-range Twin-engine Operation Performance Standards

EIS : Entry Into Service

FAA : Federal Aviation Administration

FADEC : Full Authority Digital Engine Control (Système de régulation)

FDU : Fire Detector Unit (Détecteur incendie)

FETT : First Engine To Test

FTB : Flying Test Bed

GAP : Groupe Auxiliaire de Puissance

GMP : Groupe Moto Propulseur

GTP : Groupe Turbo Propulseur

GTR : Groupe Turbo Réacteur

HCU : Hydro Control Unit (Unité de contrôle hydraulique)

HMU : Hydro Mechanical Unit (Bloc Hydraulique)

HP : Haute Pression (Pour les compresseurs et turbines)

IFSD : In Flight Shut Down

N1 : Vitesse de rotation corps BP

N2 : Vitesse de rotation corps HP

NTSB : National Transportation Safety Board

OACI : Organisation de l'Aviation Civile Internationale

SAV : Starter Air Valve (Vanne de démarrage)

SOV : Shut-Off Valve (Vanne d'arrêt)

TGB : Transfer Gear Box

TRF : Turbine Rear Frame (Arrière de turbine)

Turbofans : Moteurs double flux équipés d'une soufflante

VBV : Variable Bleed Valve (Vanne de décharge)

VSV : Variable Stator Valve (Calage variable aubes de stator)

Bibliographie

http://www.lavionnaire.fr/

http://lesmoteursdavion.lescigales.org/

http://cockpiter737.canalblog.com/archives/2013/04/2
2/26985811.html

https://www.youtube.com/watch?v=p2BcLdRwZ54

http://www.europe1.fr/emissions/au-coeur-de-l-
histoire/lintegrale-clement-ader-et-les-debuts-de-
laviation-1366032

http://www.snecma.com/tab_app/howengineswork/ind
ex.html

Tome 1 connaissance avion 2 - Club aéronautique BIA (ENS
Cachan).

Systèmes propulsifs - Club aéronautique BIA (ENS Cachan).

Les premiers moteurs d'aviation (Préface du rapport du 1er
salon aéronautique - Grand Palais - Paris décembre 1908).

Le turboréacteur, moteur des avions à réaction - Jean
Claude Thevenin - AAAF - Juin 2004 3ème édition.

Formation à la dynamique d'ensemble - Ecole Centrale

Lyon - 2007.

Musée Safran - Histoire des moteurs d'avions de Gnome à Snecma - Site Safran de Villaroche.

Musée de l'air et de l'espace - Le Bourget

L'Express - Hors série Des avions et des hommes - Juin 2013

Science & Vie - Hors série Spécial Aviation - Juin 2013

Air&Cosmos - Hors série spécial Bourget - Juin 2015

Capital - Hors série la formidable aventure de l'aviation et de la conquête spatiale - Mai/Juin 2015

Science & Vie - Hors série Spécial Aviation - Juin 2015

Crédit photos

Toutes les images de l'ouvrage proviennent de photos et de schémas personnels ou du site wikimedia commons (http://commons.wikimedia.org) et sont libres de droits. Certaines photos demandent que l'auteur soit référencé lors de son utilisation. Voici les crédits photos.

Couverture

Moteur Tyne (Ronnie Macdonald/CC-BY-SA 3.0)

Chapitre 1 - Les différents types de propulseurs

Chapitre 2 - Un peu d'Histoire

Moteur Gnome (David Monniaux/GFDL)
Moteur Liberty L12 (Stahlkocher/CC-BY-SA-3.0)
Spirit of Saint Louis (Ad Meskens/CC-BY-SA-3.0)
Rolls-Royce Merlin (Liftarn/CC-BY-SA-3.0)
Moteur Daimler-Benz (Morio/CC-BY-SA-3.0)
DH Ghost (Arjun Sarup/CC-BY-SA-4.0)
Tupolev Tu95 (Dmitriy Pichugin/GFDL)
A400M (Ronnie Macdonald/CC-BY-SA-2.0)

Chapitre 3 - Les moteurs à pistons

Moteur à 4 temps (Wapcaplet/GFDL)
Moteur Porsche (Morio/CC-BY-SA-3.0)
Moteur Rolls-Royce (Nimbus227/CC-BY-SA-3.0)
Moteur en étoile (ahisgett/CC-BY-SA-3.0)

Chapitre 4 - Les turboréacteurs

Chapitre 5 - Les turbopropulseurs

Chapitre 6 - Les statoréacteurs

Chapitre 7 - La nacelle

Chapitre 8 - La pollution

Avion de combat en post-combustion (Kobel/CC BY-SA 3.0)

Chapitre 9 - Le cycle de vie d'un moteur

Exemple de soudage (Krorc/CC BY-SA 3.0)
Machine à commande numérique (Touzrimounir/CC BY-SA 4.0)
Installation d'un moteur au banc (Max Alexander/ CC BY-SA 2.0)
Banc d'essais à l'air libre (Tony Wheele/CC BY-SA 2.0)
Vols US Airways dans l'Hudson River (Greg L/ CC BY-SA 2.0)
Inspection d'une entrée d'air (Mathieu Marquer/ CC BY-SA 2.0)

Chapitre 10 - La sécurité et les cas d'accidents

Chapitre 11 - Le marché des moteurs d'avions

Chapitre 12 - Les moteurs de demain

Printed in Poland
by Amazon Fulfillment
Poland Sp. z o.o., Wrocław

50628217R00157